大自然启蒙教育书系 1

带孩子出游 常见野花草

阅己妈妈 主编

国内第一套真正原创的

“亲子 · 游玩 · 娱乐 · 科普”

读物！

中国农业科学技术出版社

图书在版编目（CIP）数据

带孩子出游常见野花草 / 阅己妈妈主编 . — 北京：
中国农业科学技术出版社，2016.1
（大自然启蒙教育书系）
ISBN 978-7-5116-2150-4

Ⅰ . ①带… Ⅱ . ①阅… Ⅲ . ①植物－儿童读物
Ⅳ . ① Q94-49

中国版本图书馆 CIP 数据核字（2015）第 134959 号

责任编辑　张志花
责任校对　李向荣
内文制作　韩　伟

出 版 者　中国农业科学技术出版社
　　　　　北京市中关村南大街 12 号　　邮编：100081
电　　话　（010）82106636（编辑室）
　　　　　（010）82109702（发行部）
　　　　　（010）82109709（读者服务部）
传　　真　（010）82106631
网　　址　http://www.castp.cn
经 销 者　各地新华书店
印 刷 厂　北京卡乐富印刷有限公司
开　　本　740mm × 915mm　1/16
印　　张　12
字　　数　170 千字
版　　次　2016 年 1 月第 1 版　2016 年 1 月第 1 次印刷
定　　价　34.00 元

人物介绍

我们是相亲相爱的一家

聪明活泼的8岁男孩，爱冒险更爱刨根问底，是个充满爱心的小朋友。

佩佩

漂亮可爱的6岁女孩，有点儿胆小，但却不娇气，是全家人的开心果。

爸爸

幽默开朗的爸爸是孩子们的保护伞，他总是慢条斯理地为孩子解答各种稀奇古怪的问题，遇到答不上来的，他还会和孩子一起耐心地查找资料、寻找答案。

爷爷

和蔼的爷爷兴趣广泛。他认为最惬意的事就是坐在摇椅上看书，学会上网之后，喜欢坐在摇椅上用平板电脑浏览每天的新闻，尤其喜欢和孩子一起上网查找资料。

妈妈

热爱大自然的妈妈热衷于搜罗各种户外旅游资讯，特别擅长把在野外收集的各种素材进行整理和保存，被全家称为“百宝箱”。

被全家称为“后勤总指挥”的奶奶负责全家的日常事务，她最喜欢在户外旅游时收集各种野菜种子，回家后在阳台开展“野菜培育计划”。

亲爱的爸爸妈妈：

你们好！

和孩子一起亲近大自然是一件多么美妙的事情！呼吸呼吸户外的新鲜空气，看一看（视觉）郁郁葱葱的丛林，听一听（听觉）树上鸟儿的鸣叫声，闻一闻（嗅觉）野花的芬芳，尝一尝（味觉）野果的味道，摸一摸（触觉）湿润柔软的泥土……

孩子们正是通过五官感觉、认知周围的世界。当感觉器官得到充分刺激时，大脑各部分就会积极活跃，孩子就会更加聪明伶俐。

“妈妈，金银花为什么会有两种颜色？”

“爸爸，蜗牛爬过的地方为什么湿漉漉的？”

“妈妈，黄瓜明明是绿色的，为什么要叫‘黄瓜’呢？”

“爸爸，快看，这种树皮像迷彩服，这是什么树啊？”

正在汲取知识养分的孩子们，对大自然充满了好奇，他们总会缠着爸爸妈妈没玩没了地问问题。让爸爸妈妈感到尴尬的是，很多问题做家长的也不一定知道——大自然中动植物的奥秘真是太多了！

“宝贝，这个问题——我也不知道！”当你这样回答他（她）的时候，你知道你的宝贝会多失望吗？

带孩子到大自然中去边玩边学，做孩子的大自然启蒙老师，不再对孩子提出的问题一问三不知——这就是我们编写这套《大自然启蒙教育书系》的初衷。这套书系分《带孩子出游常见野花草》《带孩子出游常见小动物》《带孩子出游常见农作物》《带孩子出游常见树木》等几个分册。

现在快来瞧瞧，这本《带孩子出游常见野花草》中有哪些内容吧！

尚尚（佩佩）日记 →

尚尚（佩佩）对花草的观察日记，和自己孩子的日记比一比谁写得好？好词好句可让孩子背下来，将来写作文的时候可以用到哦！

小小观察站 →

如何启发孩子细致的观察和思考？这里会有一些提示。

花草充电站 →

如何深入浅出地向孩子讲述花草知识？这里一定能帮到你。

花草关键词 →

对花草专业词汇进行解释，让孩子了解最基础的专业知识。

花草故事 →

关于花草的民间传说和有趣故事，能增强孩子的阅读兴趣哦！

花草游乐园 →

利用花、草、叶做一些手工和游戏，增强孩子的动手能力，悦享亲子时光。

希望爸爸妈妈和每一位小读者都多多接触大自然，接触这些美丽的植物，不仅要了解它们，更要爱护它们，不要随意采摘绿化区域的每一株小植物。如果爱它们，就让它们尽情绽放吧！除了脚印什么都别留下，除了照片，什么也别带走！

最后，感谢为本书编写付出努力的各位老师，他们是：水淼、余苗、丁群艳、华颖、赵铁梅、卢缨、武海、王晋菲、周亮、雷海岚、蒋淑峰、肖波、曹爱云、胡敏、汤元珍、尤红玲、刘芹、朱红梅、张永见、王红炜。

阅己妈妈编委会

目录

Part 1：美丽的路边花草

Part 2：生机勃勃的山野花草

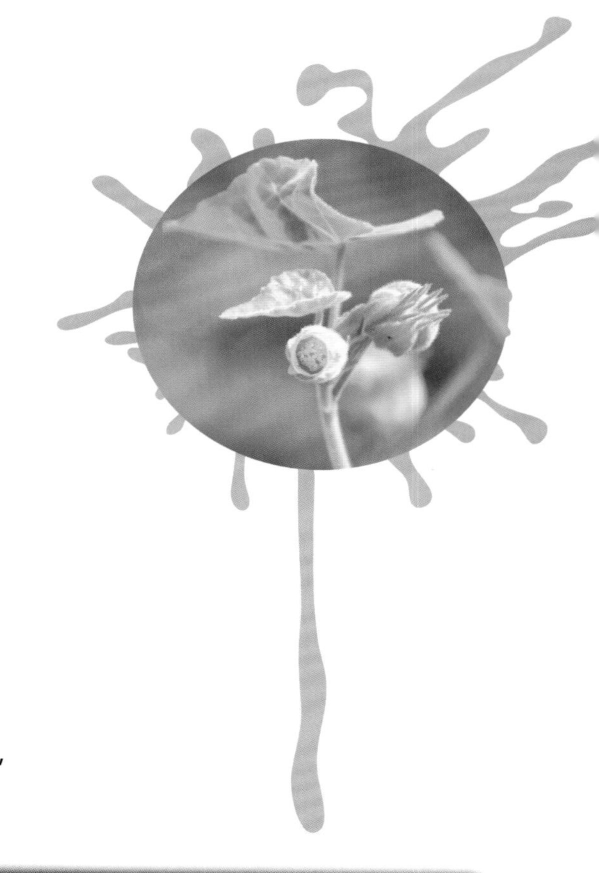

Part 3：清丽可人的水中花草

Part4：本领独特的奇花异草

Part 5：美味健康的餐桌花草

美丽的路边花草

当我们迈着轻快的步子走在路上时，单单瞅瞅路旁花草那一抹红，一抹绿，嗅嗅那丝丝花香，我们心里便洋溢着喜悦和甜蜜。

它们是大地的美容师，它们是环境的守护者，它们在大街小巷洋溢着自然和生命的活力，为节日增添欢乐的气氛，为典礼突出隆重和喜庆，用绽放的身姿记录着人们的每个重要瞬间。

鸡冠花，为什么像公鸡的鸡冠

别名：老来红、芦花鸡冠

佩佩日记

鸡冠花的颜色非常鲜艳，我见过紫红色的、火红色的、淡黄色的、橙色的，还见过白色的呢。它那扇形的花扁平而柔软，顶部像裙摆一样展开，仔细观察我还惊喜地发现了它细小的黑色种子，藏在“鸡冠”绒毛内。它的茎直立而粗壮，叶子是椭圆形或者针型的，每片叶子都向上挺立着，好像要和花争第一似的。轻轻地摸摸它，感觉软软的、毛茸茸的，就像摸到可爱的小动物一样。

鸡冠花 VS 真正的公鸡鸡冠。

鸡冠花除了红色，还有黄色和紫色的。这是凤尾鸡冠花，小朋友觉得它的名字形象吗？

小小观察站

鸡冠花像什么呢？小朋友看到的鸡冠花都是一个形状的吗？

花草充电站

鸡冠花能开很长时间，颜色鲜艳，姿态挺拔。它的花朵是由许多排列紧凑而规律的小花聚集而成，叫穗状花序，每朵小花都有自己的花瓣，农田里的水稻、小麦，还有我们用来做游戏用的车前草等，都是穗状花序。

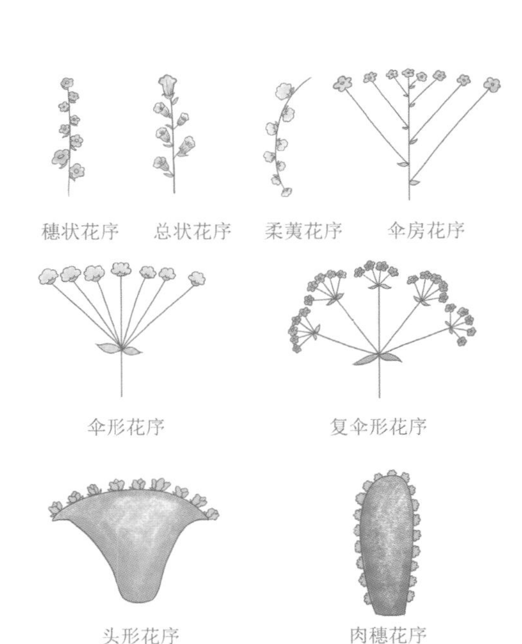

花草关键词

穗状花序是在直立的花轴上着生出许多无柄小花。当这些小花组成一个整体的时候，我们就更容易看到整体的形状。

美人蕉，也要冬眠吗

别名：大花美人蕉、红艳蕉

佩佩日记

一到夏天，美人蕉的叶子就像撑开了半张半合的伞。花朵红的似火，黄的像霞。每朵花大约有四片花瓣，风一吹，就像蝴蝶一样，扇动着翅膀。雨后初晴，绿叶上沾满了水珠，在阳光的照耀下，像水晶一样闪闪发光。

天凉之后它们的茎叶就干枯了，当春天迈着轻快的脚步走来时，它们又能长出新芽。爸爸告诉我，冬天是美人蕉养精蓄锐的时候，虽然它的茎叶枯萎了，但在土壤里面的根却在美美地睡觉呢，等春天到来再长出新芽。原来美人蕉也会像动物一样冬眠啊！

常见的美人蕉有红色花和黄色花两种。

小小观察站

常见的美人蕉都有什么颜色呢？它的叶子那么大，跟什么植物的叶子很像？

尚尚，快看！冬天枯死的美人蕉又活了，还开出了鲜艳的花！
冬天的美人蕉本来就没有死，它是在休眠呢！

花草充电站

美人蕉喜欢温暖湿润的气候，在冬天时会进入“休眠状态”，在春天时会长出新的枝叶。美人蕉不仅能美化我们的生活，还能吸收二氧化碳、氯化氢和二氧化硫等有害物质。它的叶面对有害物质反应很敏感，所以被称为“监视有害气体的活检测器”，是绿化、美化、净化环境的“小能手”。

红掌，红得就像塑料假花

别名：花烛、安祖花、火鹤花

佩佩日记

在那些千姿百态、竞相争艳的花朵中，我发现了一种奇特而美丽的花——红掌。它那纵横交错的叶柄仿佛是从根上直接抽出来的，托起片片硕（shuò）大的碧叶。它的苞片真像一个红红的、圆圆的大鹅掌，开放的花中心有一个手指般长的金黄色的花蕊。它的样子和颜色，让我马上想起《咏鹅》里面的诗句“红掌拨清波”。

红掌把红、黄、绿三种明快而鲜艳的色彩都集中到自己身上，而且叶子和花都有一种像蜡一样的光泽，很有喜庆的气氛。我想这样美丽的花肯定也很香吧，忍不住凑上前去闻，使劲吸了几口气，仔细地闻才确定，原来它是没有味道的。

小小观察站

红掌花只有一片花瓣吗？花朵中间的黄色圆柱是什么？还有哪些花跟它有点像？

提示：马蹄莲。

红掌的花有轻微的毒性，小朋友尽量不要弄断它，触碰到后要记得及时洗手哦！

这是“白掌”，但人们更喜欢叫它“一帆风顺”！

花草充电站

红掌的花朵包括一个鲜红的佛焰苞和一个橙红色的肉穗花序，形成一种奇特而高雅的造型。它的色泽鲜艳华丽，色彩丰富，花期长，花的颜色变化大，花序从苞叶展开到花的枯萎凋谢，颜色发生一系列的变化，由开始的米黄色到乳白色，最后变成绿色，枯萎之前又变成黄色，可谓“多色掌”。

花草关键词

苞片是花序内不能促进植物生长的变态叶状物。苞片主要有两个作用，一是保护幼花；二是吸引像蝴蝶、蜜蜂一类的传粉者。

万年青，赏叶明星也能开花吗

别名：开喉剑、九节莲、冬不凋

尚尚日记

爷爷把万年青养得翠绿翠绿的。它那椭圆形的叶子像一把把小扇子，叶片上有规律的花纹，有的地方是浅绿色的，有的地方是深绿色的，还有的地方是黄色的，形成天然而和谐的图案。无论夏天还是冬天，碧绿的叶子总是生机勃勃。

万年青那么帅气，它的生命力也很顽强。有一次，我不小心把它撞翻了，花盆碎了，茎也折断了。我想，这下完蛋了，万年青被我摔死了，但是爷爷一点儿都不担心。只见他把万年青的茎捡起来，插到一个水瓶里。过了些天，万年青竟奇迹般地长出了新根和鲜绿的叶子！

爷爷，万年青
会开花吗？

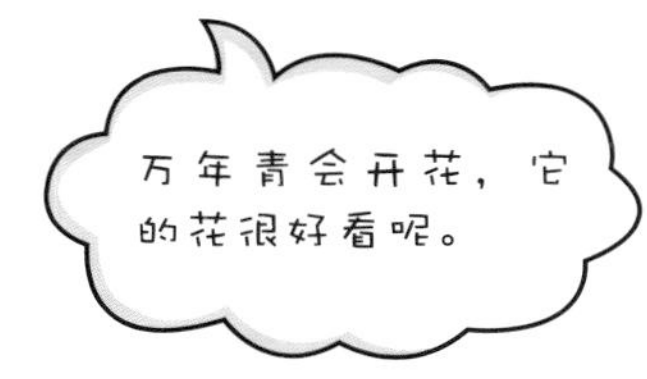
万年青会开花，它
的花很好看呢。

小小观察站

万年青的叶子总是绿油油的吗？会不会枯黄？

万年青虽然是观叶植物，但它也会开花哦！

花草充电站

万年青是一种常见的水培花卉，它不喜欢阳光直射，只要定期换水，就能很好地生长。它的汁液有毒，尤其它的茎部汁液毒性最大，如果花茎的汁液粘到手上或者皮肤上了，就会引起过敏反应，起斑块，或者很痒，因此，修剪和触摸万年青后要洗手，小朋友不要随意折断万年青的茎叶哦！

花草关键词

水培花卉是花卉无土栽培的一种，属于营养液栽培。也就是说不让花卉生长在土壤里，而是把它们培育在富含营养液的水中。

风铃草，

花朵钟状似风铃

别名：钟花、瓦筒花、铃花

佩佩日记

在一个绿茵茵的角落里，我发现了一种有趣的小花，淡紫色的花朵挂在细长的茎上，就像一串串惹人喜欢的小铃铛。淡淡的清香从花蕾中散发出来。这就是深受女生们喜爱的风铃草。一阵风吹来，风铃草的花朵就像风铃那样，一个个摇晃着可爱的小花蕾，我似乎都能听见“叮叮当当”悦耳的风铃声了！

妈妈，风铃草在有风的时候会发出风铃声吗？
风铃草只是形状像风铃，但它是不会发出响声的。

小小观察站

风铃草的头总是低垂着吗？它长得像什么？和牵牛花有什么不一样呢？

花草充电站

风铃草适合用来装饰庭院和花坛，既可以养在花盆里，也可以直接种在地上。刚种上不久的风铃草看上去很凌乱，需不需要修剪呢？其实，风铃草是不需要修剪的。它在早期生长的过程外观显得凌乱，但在后期生长过程中会自然调整，变得整齐紧凑，不需要进行特别的修剪。

这是在山林里常常能看到的多岐沙参，它开出的花形状像小铃铛，十分可爱，人们叫它“铃铛花”。

花草关键词

花蕾（lěi）是花芽发育接近于开花时的状态，指即将盛开，但还没开的花朵状态，俗称花骨朵。

花草游乐园

风铃草不仅好看，成串的风铃草还可以做成小女孩的项链。我们取一段风铃草，把细长的茎的两头系在一起，一串漂亮的风铃草项链就做好了，配上花裙子，很漂亮呢！

沿阶草，
在路边暗自散发芬芳

别名：麦冬、绣墩（dūn）

佩佩日记

沿阶草总是默默无闻地坚守在道路两侧，碧绿细长的叶子弯弯地垂着，开着淡紫色的花朵，带有清香味。沿阶草还会结出蓝紫色的果子，像迷你型的葡萄串。人们很少注意到它们，却在无意中享受着它们带来的一抹风景。沿阶草虽然很平凡，但平凡里蕴含着默默奉献的伟大。

沿阶草的花颜色淡雅，清香宜人。

小朋友能找到沿阶草的果实吗？

小小观察站

沿阶草的花是什么样子的？它的果实像什么呢？

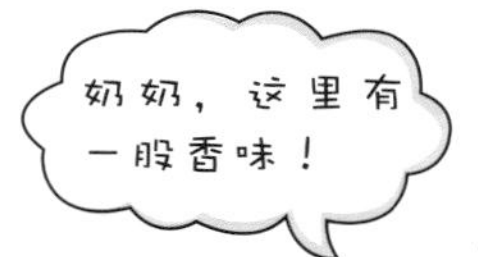

奶奶，这里有一股香味！

可能是沿阶草发出的，可别小看这种植物，它还是一种药材呢！

花草充电站

在南方，沿阶草大多种在建筑物台阶的两侧，所以名为沿阶草，北方则经常种在通道两侧，通过简单的照顾就可以代替草坪覆盖在地表。

花草关键词

地被植物是指那些株丛密集、低矮，经简单管理即可用于代替草坪覆盖在地表、防止水土流失，能吸附尘土、净化空气、减弱噪音、消除污染并具有一定观赏和经济价值的植物。

花草游乐园

沿阶草的花是淡紫色的，果实是圆形，透亮的蓝色，像极了美丽的蓝宝石。小朋友们来一次“寻宝行动”吧，看谁发现的“蓝宝石”最多。

xūn
薰衣草，穷人的草药

别名：香水植物、灵香草、香草

佩佩日记

周末，我们一家人去了薰衣草庄园。那里到处都是梦幻般的紫色花朵，这太让我兴奋了！我觉得自己变成了童话里的人物——一位美丽的公主！在花园里，被翩翩飞舞的蝴蝶围绕着，真美妙！成片的薰衣草太美了，它的花朵是一串一串的，就像小麦的穗子那样。薰衣草还有一种特殊的香味，闻了让人很愉快！我就这样沉浸在薰衣草庄园里，流连忘返！

小小观察站

薰衣草都是紫色的吗？它的味道有什么独特之处？

提示：薰衣草有蓝、紫、蓝紫、粉红、白五个色系，香味不尽相同。

薰衣草干花的用处可多了！它可以泡茶，可以泡澡，可以做成香袋去霉驱虫，或放在枕边助眠。

花草充电站

薰衣草清香宜人，是全世界重要的香精原料。它因在草本中功效最多，而被称为“香草之后”（还有“芳香药草”之美誉），很早就被广泛用于医疗上，它的茎和叶都可入药，有健胃、发汗、止痛之功效，是治疗伤风感冒、腹痛、湿疹的良药。它分布广，很容易就能找到，所以在古时医疗缺乏的年代，被称为“穷人的草药”。

花草游乐园

薰衣草的花香使人宁静，能缓解疲劳，小朋友来制作一个薰衣草干花花瓶，送给妈妈吧！首先，收集薰衣草花，把花取下来放在大瓷盘中；再把瓷盘放到微波炉中，大火 3 ~ 6 分钟。拿出来后水分就脱掉了，而它的形状、颜色、味道都不变；找一个玻璃瓶，瓶口不要太小，把干花放进去，瓶口用漂亮的棉布封好，扎上丝带，一个有艺术气息的干花花瓶就做好了，向妈妈献上你的爱吧！

瓜叶菊，繁花蜂拥枝顶

别名：富贵菊、黄瓜花

尚尚日记

瓜叶菊色彩多样，粉色、紫色、红色、红白相间、紫白相间，美丽的花朵和绿色的叶子映衬起来，异常美丽。它们常常好几朵簇拥在一起，可爱极了，有的像顽皮的孩子犯了错误，惭愧地低下小小的脑袋；有的似一张张笑脸，对着太阳放声大笑或引吭高歌；有的像一些调皮的同学，在太阳老师的课上悄悄地转过头，和一旁的花朵说悄悄话……它们争先恐后地向人们展示它们可爱的笑脸。

每次看见这么多绚丽的瓜叶菊，我都很开心。据说，瓜叶菊本来就是代表喜悦、快乐、合家欢喜的一种花呢！

小小观察站

瓜叶菊的花朵都是生长在茎的顶部吗？

提示：花顶生。

菊科植物是一个庞大的家族，小朋友想一想，你还认识哪些菊花？

百日菊　波斯菊　万寿菊

矢车菊　雏菊　金盏菊

花草充电站

瓜叶菊是菊科多年生草本植物，是冬春时节主要的观赏植物之一。通常采用盆栽，可以装扮花坛，或制成花束，给人以清新宜人的感觉。适宜在春节期间送给亲友，体现美好的心意。

花草关键词

花顶生是指花朵生长在枝条顶端。一般的花有顶生和腋生之分。腋生是单朵花或多朵花生长在叶基与花枝相结合的部位，就像长在叶子和枝条的腋窝里。

一品红，红的是花还是叶

别名：象牙红、老来娇、圣诞花

尚尚日记

同学们在布置教室，准备圣诞晚会，有的制作花环，有的装点圣诞树，有的准备圣诞礼物……最后，老师说还要用一些美丽的花来装饰一下。我们都很好奇："这可是寒冬呀，大多数花都不会开放，用什么花来装饰呢？"

不一会儿，老师捧着花进来了，大红色的"花朵"，绿油油的叶子，好漂亮啊！老师说这是"一品红"。我们看到的"大红花"，其实是它的叶子，而花心处的黄色部分才是它真正的花朵。因为它的花期刚好赶上圣诞节，而且喜庆的红色也符合圣诞节的氛围，所以也叫它"圣诞红"。把它们放在舞台的两侧，真是再合适不过啦！

一品红的花朵好大啊！

哈哈！其实红灿灿的不是它的花，而是它的叶！

小小观察站

一品红的红色部分是它的花吗？如果不是，它真正的花在哪个部位？

很多植物的叶子喜欢冒充花。这是"老来少"，它的叶子跟花一样漂亮，不是吗？

一品红正好在每年的圣诞节前后开放，西方人叫它"圣诞花"。

花草充电站

一品红靠近花朵部分的叶子红艳艳的。它的花朵很小，叶子长成像花朵一样鲜艳的颜色，昆虫看到后误以为是一朵很大的花，就会来传粉啦！但是，一品红可不是好惹的，它全身都有毒。茎秆中的白色乳汁含有多种有毒生物碱，皮肤接触后会导致红肿、发热、奇痒和局部丘疹，如果误食了它的茎叶，轻者导致胃肠道反应和神经紊乱，严重者会中毒死亡。所以一品红只适合观赏，不能去摸，更不能去尝它的茎叶哦。

花草关键词

授粉是同类植物的雄花粉授到雌花柱头上的过程。一些植物必须经历昆虫或人工授粉，才能结出丰硕的果实。

迎春花，是报晓春天第一花吗

别名：小黄花、金腰带、黄梅

佩佩日记

我盼着暖春早点来，那样就可以春游了。有一次，我看到窗外的迎春花开了，非常高兴，不由自主地说：“春姑娘啊，你终于来了！”妈妈听见了，笑着问：“你在呼叫哪位春姑娘呢？”我调皮地说：“迎春花啊！迎春花开了，春天就来了！”妈妈笑着点点头。

窗外的几株迎春花确实很漂亮。它们的枝条又细又长，稍稍有些弯曲，早春二月就开出了金黄色的花朵，有6个花瓣，还有淡淡的香味呢，花开之后接着就长出了嫩绿的长圆形的叶子。迎春花一开，我就知道，爸爸妈妈很快就能带我们去踏青啦！

奶奶，天气还是那么冷，春天怎么还不来呢？

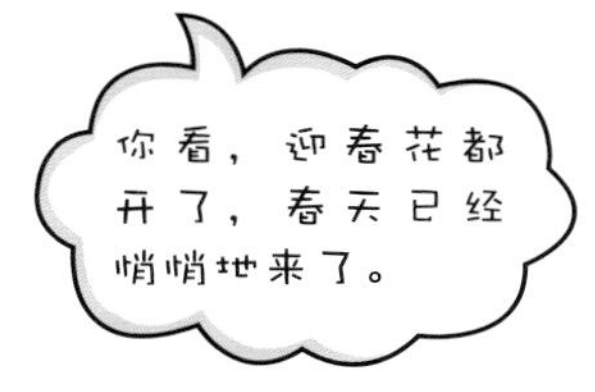

你看，迎春花都开了，春天已经悄悄地来了。

这是连翘。很多人都会把它错认成迎春花。小朋友看出它们的不同了吗？

小小观察站

迎春花是先开花，还是先长叶？哪一种花容易跟它混淆？

提示：连翘。迎春花朵有6枚花瓣；叶子是羽状复叶，3片小叶呈“品”字形；枝条是实心、绿色的；开花不结果。连翘只有4枚花瓣；叶子是单叶对生；枝条是空心、黄褐色的；它开花又结果。

花草充电站

迎春花因其开花最早，花后即迎来百花齐放的春天而得名。迎春花先开花后长叶，是因为它的花芽生长所需要的温度比叶芽生长所需要的温度低，因此，早春的温度已满足了花芽的生长需要，于是花芽逐渐膨大而开放。但这时候的温度对叶芽来说，还不能满足它生长的需要，所以它仍然潜伏着，等气温逐渐升高到一定程度时，叶芽才开始萌发。

花草关键词

羽状复叶是指树叶的小叶在叶轴的两侧排列成羽毛一样的形状。

风信子，
未开花时形如大蒜

别名：洋水仙、西洋水仙、五色水仙

佩佩日记

小芸送给我几个圆圆的小“洋葱头”，她说：“这是风信子，你要好好看护它，它能开出美丽的花！”我下决心一定不辜负她的心意！于是，我把风信子放在透明的玻璃瓶里，按时换水，给它晒太阳。果然，过了一段时间，它的底部就长出了一些白色的根须。

不久，绿色的嫩芽从它的顶端钻了出来，看来我对风信子的照顾还不错。不过，等了很长一段时间，才等到花朵的开放。它的花朵很特别，就像很多小小的百合花簇拥在一起，形成一个花球，惹人喜爱。

小小观察站

风信子和水仙花有什么不同？

风信子是“西洋水仙”，图为“中国水仙”，形如盏状，花味清香呢！

风信子有很多种颜色，蓝色、白色、粉色等，而最原始的品种是蓝色的。

花草充电站

风信子是一种球茎植物，它的地下茎节间缩短膨大，成为球形。地上部分枯死后地下球茎就成为越冬的休眠器官，来年春暖花开，又重新长出新的地上部分。

花草关键词

球茎植物是长有球形或扁球形肉质地下茎的植物。常见的球茎植物还有慈姑、百合、水仙、荸荠(bí qi)等。

看，风信子的种球是不是有点像洋葱头？

花草故事

古希腊神话中，风信子的名字来自希腊美少年雅辛托斯，他是太阳神阿波罗最钟爱的朋友，但是西风泽费奴斯生起妒忌之心。在一次掷铁环中，西风趁机吹歪了铁环的路线，使铁环从地上反弹而击中前来接铁环的雅辛托斯的前额，雅辛托斯倒下了。在他的血泊中开出了风信子。每年春天，风信子香飘大地，让人们对世间一切被妒忌者杀害的美好生命表达自己的悲伤情怀。

蜀葵，
美丽的“大花”花墙

别名：一丈红、熟季花、戎葵

佩佩日记

学校门口的蜀葵很漂亮，花朵很大，有红色的和紫色的，中间一根高高的直立的茎秆，叶子主要集中在茎秆的下半部分，叶片近似于心形，和花朵差不多大。一排高大的蜀葵形成一道花墙。我也要在我们家的院子周围种上漂亮的蜀葵，我的提议得到了爸爸妈妈的一致赞同，现在，我就期待着美丽的蜀葵在我家安家落户了。

小小观察站

根据“蜀葵”这个名字，猜猜它的原产地在哪里？

花草充电站

蜀葵，因它原产于中国四川（蜀）而得名；又因其可达丈许，花多为红色，而被叫作“一丈红”（其实，蜀葵有红色、粉色，还有白色、紫色、黄色等）；于6月间麦子成熟时开花，又得名“大麦熟”。蜀葵是富有生命力的花，开花的时候火火的一片，花朵大，而且一朵接一朵，很有秩序感。“花如木槿花相似，叶比芙蓉叶一般。五尺栏杆遮不尽，尚留一半与人看。” 这首诗形象地描绘出了它的特点。

花草游乐园

除了外观美丽，蜀葵的花朵还是一种天然染料。我们可以收集蜀葵掉落的花瓣，把它们揉成花泥，准备几张纸巾，尝试用蜀葵染色的乐趣吧！

这朵美丽的扶桑花（朱槿）是不是跟蜀葵有些相似呢？它们都是锦葵科植物。

三色堇（jǐn），翩翩蝴蝶花还是可怕鬼脸花

别名：蝴蝶花、人面花、猫脸花

尚尚日记

三色堇真是一种奇异的花，不仅好看，听爸爸说，它还有好多有趣又形象的别名呢！它有 3 种颜色对称地分布在 5 个花瓣上，构成的图案，形同猫的两耳、两颊和一张嘴，所以又叫“猫脸花”，不过我喜欢叫它“蝴蝶花”。

小区的花坛中就有三色堇，一阵清风吹过，花瓣都愉快地跳起舞来，忽闪忽闪地像极了蝴蝶的翅膀。三色堇的花瓣不是一个挨一个地围绕在花心周围，而是前面有 3 片花瓣，后面一层还藏着两层花瓣，被风吹动的时候前面的 3 个花瓣自在地飞舞，而后面的两片花瓣则很调皮地在玩捉迷藏。

小小观察站

小朋友见过多少种不同颜色的三色堇？它们除了像蝴蝶之外，还像什么？

小朋友觉得三色堇的花朵像蝴蝶多一点，还是像人脸多一点？

花草充电站

三色堇不适合室内栽培，而适合在露天花坛和庭院里种植，因为它是喜光植物。若没有足够的光照，其生长就会缓慢，枝叶无法充分伸展，无法开花。

花草关键词

植物寒暑表：三色堇被称为“植物寒暑表”，因为它的叶子很有趣，叶面的方向和气温息息相关，20℃以上时，它的叶面向斜上方伸展；15℃时，叶子向下运动直到与地面平行；10℃时，叶子向下弯曲。

花草游乐园

三色堇颜色鲜艳而丰富，俏皮可爱，非常适合做成标本保存。我们可以采集自己喜欢的蝴蝶花，夹在书中，两个星期之后水分风干，标本就做好了。

一串红，繁密成串的小炮仗

别名：爆仗红、象牙红、西洋红

佩佩日记

一串红不像其他花朵那样一片片的花瓣围绕着花心，而它是有许多长条形的红花错落地生长在茎秆上，像极了一挂火红的大炮仗，怪不得叫它“炮仗花”呢！妈妈说她小时候经常偷吃一串红的蜜，就是把一串红的“舌头”（花蕊）拔出来，放在嘴里一吸，就能品尝到甜甜的味道了，那个就是花蜜。一串红的花蜜是没有毒的，我也尝过它的味道呢！

小小观察站

一串红除了红色还有其他颜色吗？它的红色小炮仗里面有什么秘密？

妈妈，为什么城市里那么多地方都种一串红？

因为它容易栽培，而且好看又喜庆，适合装点环境，就像一挂小炮仗。

花草充电站

无论节日花坛，还是大街小巷，都能看到一串红的身影。它的花期长，形状漂亮，也会结果实，果实中含黑色小种子。一串红对温度很敏感，喜欢温暖湿润的气候，害怕寒冷和干热。

花草游乐园

把一串红的花蕊拔出来，然后在花基部就能吸出少量的蜜汁，那些蜜汁是吸引蚂蚁之类的昆虫来传播花粉的。尝一尝它甜美的味道吧。

除了红色，一串红还有白色和紫色，分别叫作一串白和一串紫。

大花马齿苋(xiàn)，为什么叫死不了

别名：死不了、半支莲、松叶牡丹

尚尚日记

死不了其实是一株娇美的小花。漂亮的小花真的死不了吗？事实证明，它的生命力真的很顽强呢！

在一次误伤小花之后，我按爷爷说的，在旁边的土里挖了一个小坑，小心翼翼地把弄折的茎插在里面。它的茎是棕红色的圆柱形，看起来并不结实，上面许多软软的绿色的小叶子，形状像长米粒。我还担心它活不了呢！谁知第二天它就挺直了腰板，本来有些耷拉的花朵也扬起脸来，似乎在说“我可没那么容易死！”我拍着手激动地说：“小花，你真厉害！”

小小观察站

“死不了”真的不容易死吗？为什么叫这个名字呢？

大花马齿苋又叫松叶牡丹，对比一下真正的牡丹吧！

花草充电站

死不了其实还有一个很好听的名字——金丝杜鹃。它的花色丰富，有白、白花红点、淡黄、深黄、大红、深红和紫红等。它的茎是圆柱形的，叶子很细但很厚实，叫肉质茎叶。肉质茎叶不仅含有大量水分，而且有很强的保水能力。当人们摘下它，在阳光下暴晒后，虽然它已经失水萎蔫，但仍然保留了一定的水分，这时候插在土中，只要稍微湿润一些，就能够起死回生，所以得名死不了。

花草关键词

肉质茎叶是指某些植物具有肉质肥厚的茎叶，这样的形态能够帮助植物在体内贮存丰富的水分。

花草游乐园

死不了是生命力极强的植物，小朋友可以从死不了上剪下一段花茎，插在另一个花盆里，精心照顾，体验它即插即活的生命力！

凤仙花，为什么可以染指甲

别名：水指甲花、象鼻花

佩佩日记

妈妈说她能不涂指甲油把我的小指甲染成漂亮的颜色。真的有这种好办法？原来，妈妈是要带我去找凤仙花，用它的汁来涂指甲。凤仙花的样子很有趣，在我看来，它只有两片花瓣，就好像半朵花一样。我们采了一些凤仙花的花瓣备用。

晚上，我们把晾过的凤仙花加入白矾砸成花泥，小心地敷(fū)在指甲上，用剪好的薄膜包好。第二天早上，我的指甲居然变红了，真好看！就像涂了指甲油一样漂亮！我得赶快让好朋友看看我“臭美”的杰作！

小小观察站

凤仙花为什么会把种子弹出来？

提示：这是凤仙花传播种子的一种方式。凤仙花的种子由一层硬皮像弹簧一样地包裹着，等到种子完全成熟时，硬皮就干裂成一条缝，从而把种子弹出来，撒在周围的土地上，种子遇到适宜的环境就会发芽生长啦！

凤仙花的种子叫作“急性子”。它成熟时外壳自行爆裂，或者轻轻一碰籽荚，种子就自行弹射出来啦！

妈妈，这花长得根本不像指甲，为什么要管它叫“指甲花”呢？
这种花形状不像指甲，但它可以用来染指甲啊！

“非洲凤仙”是著名的装饰性盆花，但它和凤仙花的形态完全不一样。

花草充电站

我们经常把凤仙花叫指甲花，是因为它在民间常用来染指甲。在红色凤仙花的花瓣中含有红色的有机染料，但它不能直接附着在指甲上，必须用媒染剂作为媒介，才能染色。白矾就是一种很好的媒染剂。

花草关键词

种子传播的方式主要有 4 种：动物传播、风传播、水传播、弹射传播。

通过动物来传播种子的植物有樱桃、野葡萄等。小鸟或其他动物把种子吃进肚子，由于消化不掉，便随粪便排出来传播到四面八方。

通过风来传播种子的植物中，最著名的就是蒲公英啦。

通过水来传播种子的植物有椰子、睡莲等。比如，椰子成熟以后，椰果落到海里便随海水漂到适宜它的地方生根发芽。

通过弹射方式传播种子的除了凤仙花之外，还有许多的豆类植物。

花草游乐园

用凤仙花染指甲并不是直接把凤仙花涂到指甲上就可以了哦，应该怎么做呢？首先，收集一小捧凤仙花的花瓣；然后，把凤仙花的花瓣放入石臼中，并加入适量的白矾，如果没有，放盐也可以；在石臼中把凤仙花花瓣和白矾一起捣碎，把捣碎的凤仙花花瓣放在指甲上，覆盖整个指甲，覆上薄膜；几个小时之后，指甲就会呈淡红色啦！爱美的小女生试一试吧！

▲可以从凤仙花花朵的颜色中提取色素。

郁金香，它的老家是荷兰吗

别名：洋荷花、草麝(shè)香、郁香

佩佩日记

我特别喜欢郁金香。郁金香洁白的花瓣，绿色的花茎，青翠而优雅。用手轻轻的摸它的花茎，非常光滑，两侧有一对叶子，呈倒人字形，叶子上的叶脉非常分明，叶子像一对护卫一样保卫着中间的花儿。中间的粉色花朵更是无比清丽，大大的椭圆形的花瓣相互包裹着，一副含苞待放的模样，花瓣上还沾着晶莹剔透的露珠呢！郁金香有那么多颜色，它那自然而和谐的颜色是任何画家都模仿不出来的。

郁金香闻上去有一股淡淡的清香，这种香气虽不像桂花香飘十里，也不像牡丹芳香扑鼻，却能长时间停留在人们的心底。

小小观察站

郁金香的花朵有什么特别之处？小朋友能说出你见过多少种颜色的郁金香吗？

黑色郁金香，颜色是由细胞突起的投影产生的，其本身并不是黑色的，而这已是自然界中最接近黑色的花朵了。

花草充电站

郁金香的原产地并不在荷兰，而在伊朗和土耳其高山地带。那么，郁金香为什么会是荷兰的国花呢？

有人认为，郁金香成为荷兰的国花是由于，在第二次世界大战期间，有一年的冬季荷兰闹饥荒，很多饥民便以郁金香的球状根茎为食，靠着它维持了生命。荷兰人感念郁金香的救命之恩，便以郁金香为国花了，象征着美好、庄严、华贵和成功！

花草故事

传说，很早以前在荷兰，有一个美丽的少女同时受到三位英俊而优秀的骑士的爱慕追求。一位送了她一顶皇冠；一位送了她宝剑；一位送了她黄金。少女非常发愁，不知道应该如何抉择，只好向花神求助。花神于是把她化成郁金香，皇冠变为花蕾，宝剑变成叶子，黄金变成球状根，就这样她同时接受了三位骑士的爱情，而郁金香也成了爱的化身。由于皇冠代表无比尊贵的地位，而宝剑是权力的象征，拥有黄金就拥有财富，所以在古欧洲，只有贵族名流才有资格种郁金香。

xuān
萱草，百合的姐妹花

别名：金针、黄花菜、忘忧草

尚尚日记

萱草在没开花的时候，细长的叶子以一种优美的弧线垂着。直到一只嫩茎在细叶中伸长出来，上面顶着一个橙色的圆柱形花骨朵，羞涩地略低着头，直到悄悄开放，人们才会注意到它。它那橙色的花有6片花瓣，整个花朵呈喇叭形，花瓣向外卷翘着，细长的花柱从花心里探出来，整个花朵就像小姑娘穿的美丽裙摆。但早上开的萱草花，晚上就凋谢了，它们的开放时间很珍贵呢！

黄花菜是这样的，别把萱草当黄花菜摘了哦！

小小观察站

萱草就是黄花菜吗？能吃吗？

提示：黄花菜是萱草属的一种，黄花菜能吃，而萱草不能吃。

奶奶，花坛中的这些花是我们吃的黄花菜吗？
这是萱草，和黄花菜是不一样的。

花草充电站

萱草又叫忘忧草。相传在古代，儿子长大后离家远行时，母亲就会在所住屋前种上一株萱草，以化解思念儿子的忧思。

我们吃的黄花菜是萱草属植物的一种，但除黄花菜外的萱草属植物多半不能食用。黄花菜一般出现在菜地里，而非花坛中。小朋友千万别从花坛中采摘“黄花菜”吃，以免中毒哦！

马蹄莲，盛夏怕热会休眠

别名：慈姑花、水芋、野芋

佩佩日记

洁白的马蹄莲花瓣看上去有一个自然的卷曲，拥抱着里面嫩黄的细长花蕊，美丽而含蓄。它的叶片翠绿，花朵洁白硕大。当看到去年买的马蹄莲叶子完全枯萎时，我认为它已经死了，差点把它连土倒掉。没想到一挖土竟然发现底下有块茎，而且上面已经悄悄地冒出了小芽。我赶快又重新把它埋到土里，再也不敢打扰它了，等它“睡”够了，就会出来跟我见面啦！

马蹄莲看起来一点儿也不漂亮。
妈妈说马蹄莲是新娘的手捧花，它代表着纯洁和幸福呢！

小小观察站

马蹄莲的形状像马蹄吗？中间黄色柱形是它的什么部分？

马蹄莲一直以白色的高贵形象出现，其实它们的颜色很丰富，有白色、粉色、黄色、紫色、红色、绿色等。

花草充电站

夏天，很多人在自己家栽种马蹄莲时会发现，它长得并不好，叶子很容易就枯黄，更别说开花了，怎么回事呢？原来，马蹄莲多在秋末和早春开花，花期可延续至初夏，而盛夏时叶片会大量枯黄，新叶不发，处于休眠期，立秋后才重新萌芽。要注意的是，马蹄莲花有毒，含有大量草本钙结晶和生物碱，误食后会引起昏睡等中毒症状，所以要小心哦！

牵牛花，为什么会变颜色

别名：牵牛、喇叭花、打碗碗花

佩佩日记

自然课上，老师发给我们每个人 5 颗黑色三角形的牵牛花种子。我们把种子均匀地撒在挖好的坑里，填上土，浇水。每隔 3 天由值日生负责给它们浇水。几个星期后，小种子终于发芽了，它的茎越来越长，顺着我们给它支好的架子往上爬，藤上有绒毛，还长了很多小剪刀似的叶子。又过了几个星期，小喇叭状的花朵绽放了，有紫色、粉色、蓝色、白色等好几种颜色。它们不仅像小喇叭，还很像女生穿的美丽裙摆。现在，我们种的牵牛花已经成为植物角的一道美丽风景，让别的班级的同学羡慕不已。

小小观察站

牵牛花的茎能长到多长呢？同一朵牵牛花，早晚的颜色是一样的吗？

牵牛花变色的秘密，小朋友发现了吗？

牵牛花一般开于清晨，近午闭合，闭合后就不会再开放了。

花草充电站

牵牛花喜欢温和的气候和充足的光照，对土壤适应性强。细长的茎弯弯曲曲，不断向上攀爬。如果把它的茎拉直测量，可以达到 2~3 米长。

牵牛花中含有花青素，这种色素在碱性溶液中呈现蓝色，在酸性溶液中则为红色，故而从早晨到晚上，随着二氧化碳含量的增加，牵牛花花色会从蓝变红。因此，牵牛花可作为空气中二氧化碳浓度的指示植物对环境进行检测。

爸爸，牵牛花开放时间真短啊，早上开放，中午就闭合了！
它的花冠大而薄，在受到阳光照射时，水分蒸发得快，根又来不及吸收水分，所以在中午就闭合啦！

花草玩乐园

我们用牵牛花做个变色实验吧！准备两个玻璃杯，一个杯中倒入一些白醋，另一个杯中倒入一些小苏打，加水搅拌均匀；再把采摘来的牵牛花分别放到两个玻璃杯中，看看它们的颜色是不是变得不一样了？

石竹，为什么是母爱之花

别名：洛阳花、中国石竹、中国沼竹

佩佩日记

今天是母亲节，老师在教室布置了一些石竹花。石竹花的颜色很丰富，有红色、紫色，还有一朵花上有好几种混搭的颜色呢！它的花瓣边缘有很多锯齿，叶子细长，茎纤细，就像单瓣的康乃馨。老师说，石竹花象征着母爱，在西方国家被视为母亲节的专用花。有些国家还规定母亲节这一天，母亲还健在的人要佩戴红石竹花，母亲已去世的人要佩戴白石竹花。

知道了石竹花的含义之后，我和哥哥约好要用我们自己平时积攒的零花钱为妈妈买一束石竹花呢！

小小观察站

为什么说石竹花象征着母爱？它和康乃馨有什么关系？

石竹花朵颜色五彩缤纷，形态变化万端，非常漂亮。

康乃馨又叫香石竹。它和石竹花都是母爱的象征。母亲节时送一束石竹或康乃馨给妈妈吧！

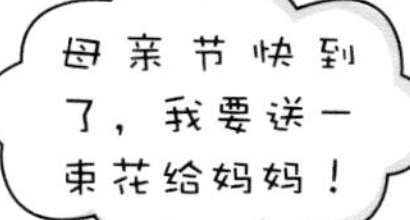

母亲节快到了，我要送一束花给妈妈！

我猜你一定会送康乃馨，因为它是母爱之花，是孩子和母亲心心相连的象征。

花草充电站

我们通常在母亲节会送康乃馨给妈妈，其实，康乃馨又叫香石竹，是石竹花的一种。因为石竹花的茎有节，膨大像竹子一样，所以叫石竹。石竹花日开夜合，有紫红、大红、粉红、纯白、红色、白或复色，单瓣 5 枚或重瓣，先端锯齿状，有很淡的香气。花瓣阳面中下部组成黑色美丽环纹，盛开时就像蝴蝶一样闪着绒光，绚丽多彩。

仙人掌，到底有没有叶子

别名：仙巴掌、霸王树、火焰

尚尚日记

我自己种了一盆仙人掌，它的形状很像人的巴掌，浑身长有密密麻麻的小刺。老师给我们讲它的刺其实就是已经退化了的叶子。为了适应恶劣的生存环境，它的叶子才变得又尖又细，而茎变成了又宽又厚的“片儿”，为的是贮存水分和养料，顽强地生存。同时它的叶子也是用来自我保护的武器，因为在它所生长的沙漠里，有不少动物都想拿它当食物呢，要是没有尖刺，它早就进了小动物的肚子了！

还有个别种类的仙人掌的刺并不那么尖利，而是像绒毛一样软软的，但大多数种类的仙人掌还是很有“杀伤力”的，我们小朋友可不能轻易去触摸呢！

小小观察站

仙人掌到底有没有叶子？

提示：仙人掌是有叶子的。它身上的刺就是经过长期不断的演化形成的变形叶。

爸爸，仙人掌真好养啊！
没错，它常生长在沙漠等干燥环境中，极其耐炎热和干旱，被称为“沙漠英雄花”。

神秘的昙花是仙人掌类植物，它的花原来是这样的！花朵在夜间开放，但并不是“一现”马上凋谢，而是能开四五个小时呢！

花草充电站

仙人掌的刺状叶子正是它适应生存环境的一种体现。沙漠地区日照强烈，水分稀少，为了防止水分蒸发，必须尽量减少叶子的表面积，所以仙人掌的叶子多呈针状或刺毛状。同时，仙人掌身上的刺还有了不起的本领，能从空气中慢慢地吸收水分，如果沙漠下雨，更能吸收雨水。

仙人掌的生命力顽强，在干旱季节，它可以“不吃不喝”地进入休眠状态，把体内的养料与水分的消耗降到最低程度。当雨季来临时，它们又非常敏感地“醒”过来，根系立刻活跃起来，大量吸收水分，使植株迅速生长并很快地开花结果。仙人掌的花很漂亮，而且颜色鲜艳。被人们喻为昙花一现的昙花，就是一种仙人掌类植物。

泽漆，总是五朵为一组吗

别名：五朵云、五灯草、五风草

佩佩日记

在北京奥林匹克森林公园玩的时候，我和同学们发现了一种很特别的草——泽漆，这个名字听起来没有什么特点，但是它的别名五朵云和五灯草可就形象多了，因为从上面往下看时，它恰似五朵浮云，同时又像五盏小灯，每个小灯还有灯托，可爱极了。

泽漆是一味中药，全株均可入药。

小小观察站

小朋友看到过泽漆开花吗？它们总是由 5 个小部分组成吗？

五朵云的名字真好听！

五灯草才好听呢！你看它们多像五盏小灯啊！

花草充电站

泽漆的五朵云造型是由于每一簇泽漆都从根处分出五根茎，上面各长着从大到小好几层叶片，就像立体画一样。虽然没有艳丽的花朵，但是成片的泽漆整齐有致，加上它鲜嫩的浅绿色，给人以生机勃勃的印象。

泽漆的乳状汁液对皮肤和黏膜有很强的刺激性，接触后可使皮肤发红，甚至发炎溃烂，因此，在野外玩时不要用手接触泽漆，更不要随意食用。

变叶木，叶子为什么会变色

别名：洒金榕

佩佩日记

变叶木的叶子可以用五彩斑斓来形容，我仔细观察发现，在同一株变叶木上，甚至同一片叶子上，都有两种以上的颜色，最常见的是金色和绿色的组合，叶脉是金黄色的，其他地方是嫩绿色的。还有红色和绿色的组合，甚至同一株变叶木上有橙色、绿色和黄色 3 种颜色，真是巧夺天工。

爸爸告诉我变叶木可不像变色龙，它的变化与周围环境没有任何关系，而是与它自己身体里面的变色曲菌素有关，色素会随着年龄的变化而变化：嫩叶时是嫩绿，然后是红色，最后是黄色。巧妙的是，它会集两三种颜色于一身，真好看！

小小观察站

变叶木的叶子都有哪些颜色？它的叶子为什么会变色？

谁把颜料撒到叶片上啦？大叶洒金变叶木让我们见识大自然的神奇力量。

层层变色的变叶木，神奇吧！

花草充电站

变叶木因叶子颜色变化而显示出色彩美。它的枝叶是插花的理想配叶料。研究人员通过测定变叶木叶片在幼年、中年及老年3个时期叶绿素的含量，发现变叶木叶片中叶绿素含量随着叶龄的增加而递减，而叶片结构中呈红色的表皮细胞增多，变叶木叶片的颜色就会逐渐由绿色变为红色。

爷爷，变叶木真的能变颜色吗？
随着变叶木“年龄”的增大，它的颜色就会发生变化。

花草游乐园

在一株变叶木上选取一片叶子，用笔做上记号，并且拍下做记号的叶子照片，记录拍照日期。过1个月之后，再找到这片叶子，观察它的颜色变化。

生机勃勃的山野花草

在空气清新、鸟语花香的郊外，尽情享受走进大自然的轻松和愉悦吧！在这里，每一朵小花、每一棵小草都是大自然的杰作，都能给孩子们带来无限的乐趣。

准备好了吗？现在就出发，去认识它们、跟它们交朋友吧！

紫花地丁，不起眼但很漂亮

别名：野堇(jǐn)菜、光瓣堇菜

佩佩日记

在野外玩的时候，我收集了很多细小的紫花地丁的种子，准备回家种在院子里。种花可难不倒我，我种花经验可丰富了。把它们种在土里后，我每天都细心地给它们浇水。

过了些日子，小苗长出来了，又过了些日子，小苗慢慢地长出了狭长的绿叶，长出了紫色的花骨朵。在我的热烈期盼下，终于开出了有5片花瓣的蓝紫色花朵，我挖的每一个坑里都钻出了好几棵紫花地丁，它们虽然是同一个坑里面挤出来的，但是生长得很整齐，好像已经达成协议似的，谁也不欺负谁，大家手拉手一起长大！

这是一株早开堇菜。它和紫花地丁非常相似吧！小朋友发现了吗，早开堇菜的叶片稍宽一点。

早开堇菜的种子。

小小观察站

紫花地丁是指野堇菜，猜一猜黄花地丁是指什么花？

提示：蒲公英。

花草充电站

每年春天刚一暖和，紫花地丁就自在地绽放了，它们生长整齐，株丛紧密，适应性强，不需要特殊的照顾就能很好地生长。它也是一味中药，有清热解毒的功效。

花草故事

相依为命的兄弟俩以讨饭为生。一天，弟弟的手指疼痛难忍。哥哥心急如焚带着弟弟到处寻医问药。可是，身无分文的他们总是被拒之门外。当兄弟俩蹒跚地走到一片山坡地时，落日的霞光照在山坡上，有一种紫花草在他们的眼前熠熠生辉，又饥又渴的哥哥顺手掐了几朵放在嘴里嚼，见弟弟的手指红肿发亮，哥哥顺手将嚼碎的草渣吐出来敷在弟弟的手指上。过了一会儿，弟弟的手指竟然不痛了。他们高兴地又采了一些带回栖身的破庙里，把这种草捣成糊状敷在手指上，并用紫花草熬水喝。

过了几天，弟弟的手指竟奇迹般地好了，于是，兄弟俩就把这种头顶开紫花、草梗像铁钉的草取名为紫花地丁。

地黄，花朵可观赏，地茎可药用

别名：生地、怀庆地黄、小鸡喝酒

尚尚日记

在小区林荫处玩时，我发现了一个像“植物大战僵尸”游戏里的豌豆射手似的花朵——地黄！这株小花是紫红色的，像一门小炮，豌豆射手就是这样的形状。它的花朵毛茸茸的，茎是紫红色的圆柱形，也是毛茸茸的。叶子集中在茎的下部靠近根的地方，而茎的中上部则光秃秃的没有叶子，在茎的顶部长出了好几朵花。妈妈告诉我，它的根部是膨大的块状，是著名的中药材。我想，它的根应该就是它的秘密武器吧！

地黄花为总状花序，花冠外紫红色，内黄紫。

小小观察站

地黄的花朵像什么？还有哪些花也是这种形状的？挖一株地黄，观察它的根，看看是什么颜色的？

奶奶，快看！这种小花就像“植物大战僵尸”里面的豌豆射手！

它叫地黄，是一种重要的草药，本领也很大！

花草充电站

地黄地下块根是黄白色的，所以取名地黄，是传统中药。民间也将地黄作为食品，人们将地黄腌制成咸菜，泡酒、泡茶。鲜地黄是黄白色的，而我们在药店买到的地黄多为黑色的，这是为什么呢？很多中药加工后都会变成深色，因为它们本身含有一种叫环烯醚萜苷（xī mí tiē gān）的物质，这种物质遇到水之后就容易变为深色，所以整个药材颜色就变深了。

紫云英，为什么是主要蜜源植物之一

别名：翘摇、红花草、草子

佩佩日记

已经是春天了，爸爸带我们去了一趟南方姑姑家。在田野里，一片片美丽的紫云英随风舞动，就像一片紫红色的海洋。如果仔细观察，就会发现它那笔直的、高高的茎使花朵越发显得一枝独秀，而再看那些花朵就像一只只迷你小莲花，别有特色。

小小观察站

紫云英为伞状花序，观察伞状花序的花有什么特点？

提示：顶端有伞状长梗的花序。

▲紫云英用处非常大，既可作绿色饲料肥田，又可作青饲料喂畜禽。

奶奶！这一大片的紫云英好壮观呀！

是的。在南方，成片的紫云英是除油菜花之外的一大景观。

花草充电站

紫云英为豆科黄芪(qí)属，二年生草本植物，是我国主要的蜜源植物之一。紫云英分无毒和有毒两种。牛羊等家畜吃了有毒的紫云英会中毒，但它们通常都有辨别能力，不会去吃有毒的。

花草关键词

蜜源植物是养蜂的物质基础。所有气味芳香、能供蜜蜂采集花蜜和花粉的植物都是蜜源植物。

花草故事

云英原本是一个美丽女孩的名字，她生在一个贫困家庭，但她非常能吃苦。战争爆发后，家人越发食不果腹，她便冒着生命危险到山下战乱的地方给父母找东西吃，而最终受了重伤。临终前她来到开满野花的树林里，并在那里去逝，后来人们发现树林里开满了一种紫色的小花，于是就把那种花叫“紫云英”。

麦蓝菜，为什么叫王不留行

别名：王不留行

尚尚日记

学校组织我们参观位于郊区的牛奶厂。一天的活动中，最有意思的就是观察那些大奶牛了。我们去的时候，它们正在大口大口地吃草。草料中掺杂着一些长着小粉花的野菜，讲解员阿姨告诉我们，那种野菜叫麦蓝菜，奶牛吃了可以提高产奶量，提高牛奶品质。

讲解员拿了一些麦蓝菜给我们看，它的茎又细又长，很光滑，长着小椭圆形的叶子，还有一些已经开放的粉色小花和没开的花骨朵在上面。我记得以前在路边也看到过这种不起眼的小花，没想到它还能帮助奶牛产奶呢！

小小观察站

王不留行这个名字好奇怪，小朋友猜一下，这个名字会是什么意思呢？

花草充电站

麦蓝菜就是著名的草药王不留行，有活血通络的功效。它生于田野、路旁、荒地，以麦田中最多。麦蓝菜喜欢温暖的气候，对土壤要求不严格，但是它很怕水，如果种植在低洼积水的地区，根部就很容易腐烂。

麦蓝菜全株。

花草故事

麦蓝菜为什么叫王不留行呢？传说李世民与杨广在太行山决战时，双方伤亡惨重。谁能让伤员尽快康复重返战场，谁就有获胜的机会。李世民正伤脑筋的时候。一位名叫吴行的农夫挑一捆野草求见，说这种野草对治疗刀枪伤有奇效，他把野草的种子研碎后撒在士兵的伤口上，伤口果然很快康复。

李世民命士兵去采集这种草药给伤兵治疗，3 天后，伤兵大都康复，唐军占据主动。然而，为了不让敌军得到这个验方，李世民下令封锁消息，并悄悄将吴行杀害了。李世民最终登上王位后，给这种野草取了一个渗透着吴行鲜血的名字——王不留行，意思是王者不能留下吴行。

shòu
绶草，
排队开花像盘龙

别名：盘龙参、清明草

佩佩日记

我在草坪上偶尔见过绶草的身影，但它显得过于普通，大家可能都想不到它也是一种兰花，更不会想到它还是一种中药。它尽情绽放它的花朵，但那小小的花序还是无法吸引人的注意，我用相机拍下了它，放大时，发现它那螺旋排列的精致小花竟是如此的美丽！它的穗状花序由很多红色、粉色或白色的小花组成，它们呈螺旋排列，旋转着盘在花轴上，如青龙盘缠柱上，每朵花都鲜艳欲滴。

现在，它的身影越来越难以寻见了，即使发现也是孤单的三两棵，真可惜啊。我们应该好好保护环境，保护它的家园。

花朵松散地形成螺旋状，像小龙盘在柱子上。

小小观察站

绶草的花序上有那么多花朵，它们是同时开放的吗？它们开花有严格的顺序吗？

奶奶！盘龙参的花真的像盘龙一样！这个名字很形象。

是的，它的花开在清明节，也有人叫它清明草！

花草充电站

绶草的分布极为广泛，但它的大小、叶形、花色以及花茎上部腺状柔毛的有无，在不同地区都有较为明显的差异。没开花的时候，它的形态和其他杂草差不多，所以很容易被当作杂草除去。开花后就好辨认了，但由于它是一味重要的中药，又常遭到过度的采掘，所以野生绶草并不多了。

花草关键词

排队开花：绶草开花是有顺序的，也就是说它们会排队开花。绶草的开花顺序是由基部开始，平均每隔 1 天开 1 朵花，最后轮到先端的花朵开放。

cù jiāng
酢浆草，
能找到四片叶的幸运草吗

别名：酸浆草、酸酸草、斑鸠酸

尚尚日记

山坡上长着一种很可爱的小野花，爷爷说叫酢浆草，最有意思的是每一枝上都长着 3 片倒心形的叶子，簇拥着 5 片花瓣的小花，花朵通常是黄色的，也有紫色的。

酢浆草小巧玲珑的样子惹人怜爱，但你可别小看它们哦！它们可会“弹子功”。用手轻轻抚摸它，它就会弹出一种绿色的颗粒。我仔细一瞧，这不是它的种子吗？风儿吹过，酢浆草低头向我致意，好像在谢谢我帮它撒种子，我也经常有意用脚帮它们撒种。“噼噼啪啪”，种子散开，像花炮一样，弹在我的鞋上，我带着它四处旅行去了。它的种子无论到哪里，只要是有土壤的地方，都会“安家落户”，生根发芽。它的生命力可真强啊！

酢浆草的花朵黄色和紫色最常见。

小小观察站

酢浆草的叶子是什么形状的？你看到的酢浆草是什么颜色的？

提示：酢浆草花有黄花和紫花两种。一般称为酢浆草的，是指黄花酢浆草，开紫花的则称之为紫花酢浆草。

花草充电站

酢浆草喜欢向阳、温暖、湿润的环境。一般的酢浆草只有 3 片小叶，偶尔会出现突变的 4 片小叶，称为“幸运草”。传说如果找到 4 片小叶的幸运草就能梦想成真。

酢浆草能食用，很多地方的人都品尝过酢浆草做的菜肴。但因为酢浆草含有大量草酸，所以它的叶子和花朵闻起来有股酸味，不宜食用过多。

妈妈，我发现这种小野花的叶子都是3片一组。

也有4片一组的，如果你发现了，那就是你的幸运草了！

花草游乐园

“斗酢浆草游戏”非常有趣，需要几个小朋友一起玩。拔两根酢浆草的茎叶，撕掉茎部的外皮，留下中间的细丝，参加“格斗”的人每人各持一根，然后两根缠绕在一起，两边一拉，看哪边的内茎断掉叶片落下。这个游戏比的不是力气，而是看谁找的酢浆草更强壮！

阿拉伯婆婆纳，
令人头疼的“田间一害”

别名：波斯婆婆纳

尚尚日记

在公园的草地上，河边、路边的草丛里，我经常会看到一种极小极小的、贴地生长的、蓝色的小野花。这种小花大概黄豆般大小，四片花瓣，左右对称，淡蓝色的花瓣上，分布着深蓝色的放射状的条纹。它有一个比较绕口的名字——阿拉伯婆婆纳。它虽然很小，却有一定的药用价值，不过，爷爷告诉我，如果阿拉伯婆婆纳过度繁殖，会严重为害一些农作物的幼苗生长。所以，田间的阿拉伯婆婆纳总是会被当作杂草除掉，很可惜，但是谁让它与庄稼争水、争肥呢。

阿拉伯婆婆纳生于田间、路旁，是早春常见的杂草，也为常见的入侵植物。

小小观察站

为什么阿拉伯婆婆纳是一种入侵植物？

提示：阿拉伯婆婆纳能轻易在田间蔓延成较难防除的杂草，威胁小麦之类的作物生长，所以被视为入侵植物，并不受人欢迎。

花草充电站

阿拉伯婆婆纳每年有两次萌发高峰，分别在 11 月底和 3 ~ 4 月。它的茎着土后很容易就能生出不定根，形成一株新的花，因此，它很快就能够在一片土地上“安营扎寨”。

花草关键词

入侵物种：如果一个物种被人为引入一个它先前不曾自然存在过的地区，并具备了在没有更多人为干预的情况下在当地发展成一定数量的能力，以致威胁到了当地生物，成为当地公害，就把它叫作入侵物种。

勿忘我，一个充满思念情怀的名字

别名：星辰花、匙叶草、勿忘草

佩佩日记

时间过得真快，一转眼，六年的小学生活就要结束了，学校为我们举行了隆重的毕业典礼。大家的心情都非常激动，既为自己即将开始新的学习生活感到高兴，同时也对即将分别的老师和同学恋恋不舍。

小薇来到我面前，手里拿着一个漂亮的盒子，她说那是送给我的纪念。我打开一看，里面是个精致的小瓶子，瓶口用华丽的丝绢封着，扎着彩色丝带，瓶子里装满了蓝色的干花，雅致而温馨。她说这是一瓶“勿忘我”，希望我看到它时就能想起曾经的好朋友。收到这样一份礼物，我感动极了。

勿忘我制成干花后，颜色长久不褪，很适合夹在书中。

小小观察站

勿忘我的叶子形状有什么特点？

提示：勿忘我是美国阿拉斯加州的州花，因为它叶子的形状很像老鼠耳朵，当地人称它为老鼠耳mouse ear。

花草充电站

勿忘我是一种很小的花，它适应力强，喜欢干燥、凉爽的环境，多生于山地林缘、山坡、林下以及山谷草地。

“勿忘我”多么好听的名字啊！

嗯，它寄托了朋友之间对彼此友谊的珍视，所以它经常被用来赠送好朋友。

花草故事

在德国传说中，当上帝给所有的花朵命名完成的时候，一朵没有被命名的小花叫道：“哦，我的上帝，请不要忘记我（Forget-me-not）！”于是上帝欣然回答：“这就是你的名字。”

花草游乐园

永不凋谢的勿忘我，是制作干花的好材料。制作过程超级简单。收集勿忘我花朵，用报纸包好，花朵朝下，倒挂在通风阴凉的地方，经 10 ~ 20 天自然就风干了，就可以长久保存啦！

紫茉莉，
为什么白天闭合傍晚开花

别名：粉豆花、夜饭花、晚饭花

尚尚日记

夏天，我们每天习惯在院子里的葡萄架下吃晚饭。有一天，我忽然发现墙角处长出一丛紫茉莉。开始我并没有特别留意它，后来渐渐地发现，它那紫色的花朵在白天是闭合的，而在每天晚上我们开饭的前后就绽放开来，妈妈逗趣地说："这花很通人情，知道我们一家人开开心心在一起吃饭，它也愿意凑个热闹！"

奶奶是个见多识广的老人，她告诉我们："以前大家都管这种花叫'晚饭花'，我们小时候，在外面玩，一看见晚饭花开了，就知道家里快开饭了，大人要满街地喊我们回家吃饭了。"原来，调皮的紫茉莉在奶奶小时候，就喜欢凑热闹啊！

▲ 紫茉莉的种子像小地雷吗？

◤ 千万不要被紫茉莉这个名字骗了。它们的花朵颜色可多了！

小小观察站

紫茉莉为什么也叫晚饭花？

花草充电站

紫茉莉，并不是只有紫色的花，它的颜色种类较多，红、橙、黄、白、紫等色或有条纹、斑块或两色相间，并有淡淡的芳香。它的种子在花的根部，黑色，卵圆形，表面皱缩。种子内的胚乳白色，细腻，是天然的理想化妆品。

紫茉莉傍晚开花，次日太阳大时闭合。它不喜欢强烈的阳光照射。这是花朵的一种自我保护，闭合后可以防止因为暴晒而损失过多的水分。另外，紫茉莉在晚上吐出浓郁的香气还可以驱除蚊虫呢！

紫茉莉的种子黑黑的、圆圆的！
它的种子像炸鬼子用的地雷，老师说它也叫地雷花。

花草游乐园

摘下一朵完整的紫茉莉花，剥开花托即露出一个圆球。从圆球处拆开，向上轻拉一下花柄，花托连着一根花蕊，非常像一个小小的彩色降落伞，如果让它从高处飘落，它就会旋转而下，既好看又好玩。

韩信草，它救过韩信的命吗

别名：耳挖草、金茶匙、牙刷草

尚尚日记

我们到山里进行野外拓展活动时，有位同学不小心滑倒在溪边，膝盖磕破了皮，开始流血。因为伤口比创可贴稍大，老师决定还是用纱布包扎一下。这时候，老师一眼瞥见不远处有几丛紫色的小野花，于是他马上拔了一些，用纱布垫着揉碎，一边把花敷在受伤同学的伤口上，一边告诉我们："这种花叫韩信草，能治疗跌打损伤。"

我仔细观察这种神奇的小植物，发现它的叶子近似桃心型，中间抽出一根长长的茎，上面长着紫色花朵组成的花序，每朵花都是狭长的桶形，就像一个个小号。我们都用心地记下了这株植物，万一以后用得着呢！

◀韩信草卵圆形的包片，两面都有短软毛。

小小观察站

观察韩信草的花和叶子有什么特点？

提示：对花对叶。

韩信草好奇怪，
一定跟韩信有关
系吧！

没错，传说这种草曾
救过韩信的命呢！

花草充电站

韩信草是一种常见的野草，小朋友能够在田间、溪边及树林下湿润、荫蔽的地方发现野生韩信草的身影。韩信草虽然对土壤要求不严，但疏松肥沃的沙质壤土最适宜它生长，所以，我们也能在盆花及花坛中看到它。

花草故事

传说韩信在集市卖鱼时，被几个无赖毒打一顿，卧床不起。邻居大妈见状就用一种从田里采的草药给其煎汤疗伤，没几天他的伤就好了。后来韩信从军入伍，官至将军。当时，战斗激烈，伤员很多，他就派人到田野采集当时邻居大妈给他治伤的那种草药，用大锅熬汤让伤兵服用。结果，伤者很快痊愈。

有人问如此神奇的草药叫什么名字？韩信也不知道。有人说：“那就叫‘元帅草’吧！”可有人反对说：“几百年后，谁知道是哪个元帅，干脆就叫‘韩信草’吧！”自此，韩信草的名字就流传开了。

xié
缬草，
其香味能用来诱捕老鼠

别名：欧缬草

佩佩日记

我们全家去灵山旅游，我和尚尚在云雾缭绕的灵山顶峰惊喜地发现了一片平坦的高山草甸。这里就像一个世外桃源，百花齐放，空气清新。在玩“找百草”游戏的时候，我忽然被一阵浓浓的花香所吸引，仔细寻找发现，原来是一簇簇淡粉色的小花发出的，每朵小花有 5 片花瓣，清新淡雅。

我央求妈妈采摘一些带回家，但妈妈说：“这是缬草，香味太浓烈，不适合室内观赏。”虽然有几分失望，但我还是听从了妈妈的建议继续去寻找别的花草了。

缬草是伞状圆锥花序顶生，花冠淡紫红色或白色。

小小观察站

缬草是什么花序，同样花序的花小朋友还认识哪些呢？

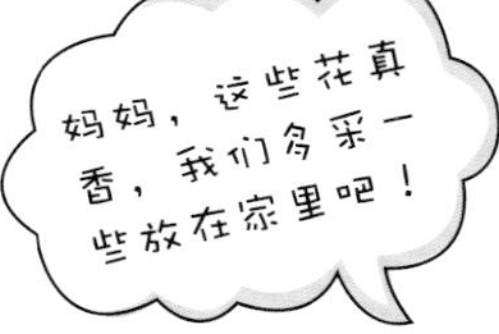

妈妈，这些花真香，我们多采一些放在家里吧！

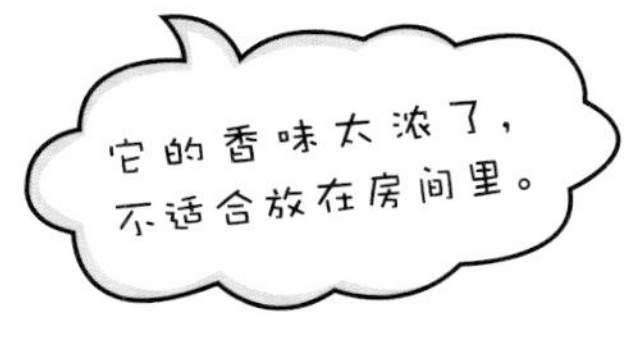

它的香味太浓了，不适合放在房间里。

花草充电站

缬草是一种耐寒植物，喜欢湿润的环境，会开出芬芳的白色或粉红色花朵，它属于败酱科植物。败酱科植物大多都有特殊的味道，缬草也不例外。当它盆栽在室内时，其散发出来的香味因过于浓烈，会令人难以忍受。缬草具有镇静、安神的功效，也被制成干花或精油，但并不适合小朋友使用。

缬草的根部所含的精油对猫有引诱性。家畜和宠物，尤其是部分猫科动物闻到缬草的味道会变得很兴奋！据说缬草对老鼠同样也有引诱性，人们用它来诱捕老鼠。

蒲公英，种子为什么能飞

别名：黄花地丁、婆婆丁

佩佩日记

春天，草地上几乎到处都能看到蒲公英的花朵。它的叶子长长的，两侧有锯齿，花茎是细长的圆柱形，嫩黄色的花朵在顶部，它的花瓣分好几层，在小野花里算是很绚丽了。花开过后，它们就会结出像小毛球一样的蒲公英种子。

我小心地把蒲公英种子采摘下来，放在嘴边，吹了口气，小圆球马上就被吹散，飘得很远，我仔细观察发现每一颗种子都由一根直立的细丝和顶端的一些软毛组成，就像一个个小降落伞。

尚尚教了我一个有趣的玩法：先许下一个心愿，然后鼓起嘴巴对着蒲公英一吹……蒲公英被吹散了，心愿就放飞了！据说它飞得越远，心愿就越容易实现呢！

蒲公英的种子上有白色冠毛结成的绒球。

很多植物的种子都会随风飞扬，寻找到新的地方孕育新生命。

小小观察站

蒲公英的种子藏在哪里？它的绒毛是做什么用的？

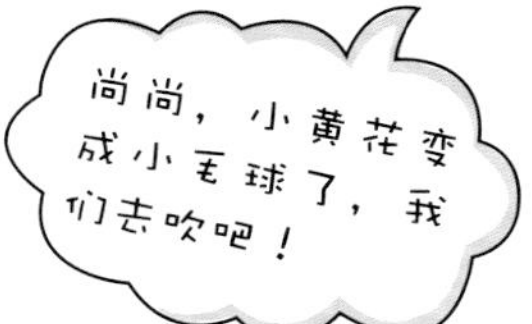

尚尚，小黄花变成小毛球了，我们去吹吧！

好主意！蒲公英的花朵凋谢后，留下白色的小绒球是它的种子。吹口气，它的种子就去旅行了！

瞧，蒲公英项链，漂亮吧！

戴上亲手采编的花冠，深深地陶醉了。

用力吹一口气，试一试你能帮蒲公英种子传播多远？

花草充电站

蒲公英的果实长有冠毛，形状就像一个个小降落伞，很容易就被风吹起来。我们到处都能看到它们的身影。蒲公英不仅好看好玩，药用价值也很大，它拥有清热解毒、消肿抗炎的功效。当人们嗓子疼的时候，中医大夫经常会开出含有蒲公英的中药制剂，效果很显著呢。

花草关键词

风力播种：蒲公英的种子随风飘荡是为了播种，这在生物学上叫作风力播种。

花草游乐园

找几个小伙伴，每人负责帮一只蒲公英传播种子，鼓起小嘴，长长地吹口气，就像我们吹生日蜡烛那样，看谁能够一口气把蒲公英的种子全都吹得飞起来。

白头翁，花如其名

别名：奈何草、白头草、老姑草

尚尚日记

草原上众多植物中，有一种野花叫白头翁，当地人叫耗子花，每年春天，草原湖泊的水还没有解冻，耗子花就迫不及待地钻出地面。把它毛绒绒的枝干肆无忌惮地伸展，每一个枝干上都有一朵紫里透红的花朵。有时候碰到春旱，好多花草都在等着春雨滋润大地才肯冒头，它就一花独秀支撑春天的原野。还有的时候，开花季节已过，耗子花还在坚持着，像蒲公英的种子一样毛绒绒地在空中随风舞动。

它就像无数默默无闻的草原居民，虽然平常但是热爱生活。它们在任何地方都能愉快地生存！

◀白头翁的满头白发。

小小观察站

这种花为什么叫白头翁？

提示：白头翁的果实成熟时，上面有浓密细长的软毛毛，好像白发苍苍的老翁，所以叫它白头翁！

花草充电站

白头翁是一味中草药，有清热解毒、凉血止痢、燥湿杀虫的功效，具有很高的药用价值。白头翁可以用于布置花坛、种植在道路两旁，或点缀于林间空地。由于白头翁对酸雨十分敏感，遇到酸雨就会很快死亡，所以它常被用作检测环境污染程度的指示植物。

花草故事

白头翁的名字是怎么来的？

传说唐代诗人杜甫有段时间生活异常艰辛。一天，他突然呕吐不止，腹部剧痛难耐，但他蜗居茅屋，身无分文，根本无钱求医问药。这时，一位白发老翁刚好路过他家门前，见此情景，询问完病情后，让他稍等片刻便离开了。过了一会儿，只见白发老翁采摘了一把长着白色绒毛的野草，将其煎汤让他服下。杜甫服完之后，病痛慢慢消除了，几天后痊愈。他感叹道："自怜白头无人问，怜人乃为白头翁"，杜甫就将此草起名为"白头翁"以表达对那位白发老翁的感激之情。

诸葛菜，和诸葛亮有关系吗

别名：二月兰、野油菜、菜子花

尚尚日记

虽然初春的天气还不太暖和，但诸葛菜就早早地开花了，给我们带来了美丽的风景，它不仅开花早，花期还很长，几乎能陪伴我们整个春天呢！

诸葛菜的茎高高地挺立着，自下而上有好几个花骨朵，下面的已经开放，而上面的还是花骨朵，每一株诸葛菜都是这样的。妈妈说，这叫总状花序，花朵们很懂得次序，就像我们小朋友排队玩游戏一样，通常位于花茎下面的花苞会先开，然后是中间的，最后是顶端的。哈哈，诸葛菜的花朵很讲礼貌，我们也要向它们学习啊！

小小观察站

诸葛菜花朵是什么颜色的?

提示:大多数诸葛菜的花是蓝紫色,有的带一点淡红色,还有的颜色很浅,接近白色。随着花期的延续,原来紫色和淡红色的花颜色会逐渐转淡,最终变为白色。

奶奶,二月兰明明是四月开花,为什么要叫二月兰?
这里是指农历二月,所以叫二月兰。

花草充电站

诸葛菜属于十字花科,通常十字花科植物的花都有 4 个花瓣,两两相对,形成“十”字形状。我们日常吃的很多蔬菜都属于十字花科,如白菜、萝卜、油菜等。

花草故事

诸葛菜和大名鼎鼎的诸葛亮有关系吗?据说,三国时期著名的军事家诸葛亮有一次在出征的时候,军队粮草不足了,大家的肚子饿得咕咕叫,将士们都很沮丧,这时诸葛亮下令采集路边的一种野菜嫩芽给大家吃,就这样渡过了难关。从此以后,这种小野菜就被称为诸葛菜了。

mǎi
苦荬菜，是苦的吗

别名：苦碟子、黄瓜菜

佩佩日记

苦荬菜虽然很小，单独看起来不怎么起眼，但它们一丛丛、一簇簇地遍布在各个地方，映衬着嫩绿的草地，让人们不能忽视它们的存在。

我仔细观察，发现它的茎有许多分枝，靠近根部的叶子比较短，长圆形，茎中间的叶子没有叶柄，直接环抱在茎的周围，成为“抱茎”。苦荬菜的花朵为嫩黄色，花瓣细长，花瓣边缘有锯齿。一根茎上能结出许多花骨朵。我无意中折断了一根茎，发现它的茎里居然含有白色的汁液，没想到这么“瘦弱”的小野花，还贮存着丰富的养分呢！

苦荬菜为头状花序顶生，呈伞房或圆锥状排列。

小小观察站

数一数苦荬菜有多少个花瓣。花的形状像什么呢？

花草充电站

苦荬菜属多年生草本植物。植物的茎具有传送营养和水分的功能，苦荬菜茎叶中含有白色的汁液，那其实就是它贮存的营养，这个特点，使得它的茎叶便脆嫩可口，是鸡鸭和猪的好饲料，同时也是草原畜牧业的优质牧草，深受牛羊等牲畜的喜爱。

花草关键词

头状花序是无限花序的一种。由一朵或许多无柄小花密集着生于花序轴的顶部，汇聚成头状，从外形看酷似一朵大花，仔细观察会发现它其实是由多花（或一朵）组成的花序。向日葵、蒲公英等都属于头状花序。

花草游乐园

植物都需要水分，尤其像苦荬菜这样茎叶中含有白色汁液的花草，如果没有水分供给，它们很快就会失水萎蔫。小朋友可以做个实验，采集两棵苦荬菜，将其中的一棵插在水瓶中，分别记录下两棵苦荬菜能坚持挺立的时间，了解水对于植物的重要性。

五节芒，随风摇弋的金色海洋

别名：芒草、管芒、管草

尚尚日记

在郊外，我看到了成片的五节芒，随风摇摆，很是壮观，其景象充满了诗情画意，撩起人无限遐思。五节芒很像芦苇，它们都有着细竹竿似的直立的茎，细长的针状叶子，穗子状的花絮，深红色的芒花有如燃烧着的火焰，随着花期过去，花穗便会渐渐转白。芒花由红转白的时候，正是最美的时候。

五节芒的花序还是扫帚的好原料。听爷爷讲他小时候经常到路边、山旁、河畔采集五节芒的花序，用来做扫帚，等到赶集的时候拿到集市上去卖。五节芒扎的扫帚真是又漂亮又耐用。

◀ 小朋友能区分开芦苇和五节芒吗？

小小观察站

五节芒到秋天会变成什么颜色？可以用它来做什么呢？

猜一猜，那边像小扫帚似的植物是不是芦苇？
我知道，那是五节芒。芦苇长在湿地或水塘里，而五节芒生长在旱地，哈哈，难不倒我！

花草充电站

在山坡上、道路边、溪流旁及开阔地都能看到五节芒成群滋长，它们的地下茎非常发达，能适应各种土壤，地上部被铲除或火烧后，地下茎照样能长出新芽。

五节芒和芦苇看上去很相似，它们的区别在哪儿？芦苇长在湿地或水塘里，五节芒长在旱地；五节芒的茎是实心的，而芦苇的茎是空心的。需要注意的是，五节芒叶子边缘含有制造玻璃原料的硅质，会割伤皮肤，因此，不要随便去触碰。

花草游乐园

采集一些五节芒的芒花晒干，把尖端的毛尖和芒秆都用剪刀修剪齐整，再用铁丝缠绕固定在一根筷子或者木棍上，就做成了一把小扫帚，就用这把小扫帚来打扫我们的书桌吧！

蛇莓，到底能不能吃

别名：蛇泡草、三匹风、龙吐珠

尚尚日记

好不容易发现的“小草莓”，却被妈妈告知不能吃，我太失望了！妈妈说那是蛇莓。蛇莓的果实是椭圆形的，大红色，比草莓小一些，看起来鲜嫩多汁，很好吃的样子，让人忍不住总想尝上一口。奶奶也说：“千万别吃！蛇莓是蛇爬过的东西！要是吃了蛇莓，蛇就会跟踪到家里去！”听奶奶这么一说，还真可怕呢！

草莓营养价值很高，很多人都爱吃。

山莓。甜味、微酸，味道很不错，但是它的植株上有刺，采摘的时候要小心哦！

小小观察站

蛇莓和草莓有什么区别？蛇莓能吃吗？还有什么植物果实容易跟它弄混？

提示：覆盆子。

这种红色的小草莓，味道一定不错！

快住手！这是蛇莓，可不是野草莓，不能吃！

花草充电站

蛇莓的茎很发达，平卧在地面上，叫匍匐茎，并且在茎节处另外生出小根，这些小根又能长成新的一株蛇莓。有了这个本领，蛇莓就常常能够在很短的时间里蔓延成一片。它的叶是由3个小叶片组成的复叶，小叶片的边缘有锯齿，叶片正面和背面都有短短的软毛。蛇莓的黄色花朵有5个花瓣，花瓣的形状很特别，近似于心形，而且花瓣之间不是紧紧地挨在一起，而是有一些空隙。

可是蛇莓到底能不能吃呢？因为蛇莓旺盛的时候正是蛇出洞的季节，说不定哪一棵蛇莓就被蛇爬过，舔过。事实上，蛇莓具有很高的药用价值，能清热解毒、消肿散瘀，但同时蛇莓也是有少量毒性的，所以不宜食用。

狗尾巴草，哪是花朵哪是种子

别名：阿罗汉草、稗(bài)子草

尚尚日记

狗尾巴草是一种常见的小野草，几乎哪里都能看到它，它不像其他名贵的花草那样可望而不可及，我们可以随时采下狗尾巴草做游戏，编小动物。有时候，佩佩在温暖的阳光下睡着了，我就悄悄地拿一只狗尾巴草扫她的鼻子，观察她的表情，可有意思啦！

单独几株狗尾巴草并不起眼，我曾见过成片的狗尾巴草，风一吹，整齐地飞舞，真壮观。平易近人的狗尾巴草真招人喜欢啊！

仔细观察一下狗尾巴草隐藏着的种子吧！

小小观察站

毛茸茸的“狗尾巴”是它的花朵还是种子？

提示：它的圆锥花序较大，通常向下弯垂，成熟后小穗明显肿胀，所以“狗尾巴”是它的花团，在那些小毛刺之间，有一粒一粒的绿色小种子。

爷爷，狗尾巴草有什么用呢？

狗尾巴草秆和叶可作饲料，是牛、驴、马、羊都爱吃的草，而且它也是一味中药呢！

很多人都知道"狗尾草"，但小朋友见过这种"狼尾草"吗？

花草充电站

狗尾巴草生长于农田、路边或荒地，是最常见的野草之一，几乎遍布全球的温带和亚热带地区。它具有药用价值，有祛风明目、清热利尿的功效，它的草秆、叶可作饲料，是牛、驴、马、羊都爱吃的饲草。然而，它也是农民们最讨厌的野草之一。因为它的生命力顽强，通常成片生长，可形成优势种群密被田间，争夺肥水，造成作物减产，而且它也是很多害虫的寄主。

花草关键词

寄主：两种生物在一起生活，受害的一方给受益的一方提供营养物质和居住场所，这种生物关系称为寄生，其中受害的一方就叫寄主，也称为宿主。

花草游乐园

▲
用狗尾巴草编小兔子，小朋友快动起手来吧！

狗尾巴草的玩法可多了。最简单的是，直接拔起来挠别人的痒痒。

我们也可以用它编一只小兔子：

1. 先找两根小一点的狗尾巴草，做兔子耳朵；

2. 再拿一根大一点的绕着两个耳朵缠一圈，草秆自然垂下；

3. 继续拿另一根草缠绕草秆，一直到兔子的身体变得肥硕；

4. 用一根小草缠一圈，注意露出小草的头部，作为小兔子的手臂；

5. 再找一根如上一步，做小兔子的手臂；

6. 用一根小草与兔子的两个手臂相反的方向缠绕，露出头部，作为兔子的尾巴；

7. 再缠绕一根，然后固定草秆，轻轻地系起来，整理形状，一个漂亮的小兔子就做好了！

牛筋草，为什么又叫官司草

别名：官司草、千金草、千人踏

尚尚日记

我们经常在宽敞的庭院草坪上用牛筋草“打官司”。每人采来一大把韧性十足的牛筋草席地而坐，各自拿出一根，去掉多余的叶子，互相勾搭，使劲牵拉比斗，谁的草不结实被拉断了，谁就输了。这样循环下去，直到所采的牛筋草扯光为止。有时候爸爸妈妈也会参与进来，整个过程中笑声、判决声、喝彩声、争论声此起彼伏，好不热闹。

去爬山时我发现长在山坡上灌木丛中的牛筋草又壮韧性又好，忍不住挑了一些“精兵强将”回来，哈哈，佩佩等着“投降”吧！

牛筋草不愧是千人踏，任你如何踩踏它，它都能顽强地生长，而且能生长得很好！

小小观察站

仔细观察牛筋草的样子，小朋友能数清一根牛筋草有多少个分叉吗？试着拔起一根牛筋草，感觉怎样？

花草充电站

牛筋草是一种生命力很顽强的常见野草，像牛筋一样，怎么扯都扯不断，只要根还在它的生命就不停息。它的分布很广，我国南北各省区遍地都有，多生于荒芜之地及道路旁。它也是一味中药，主治清热、利水。牛筋草也会开花，它的穗状花序是淡绿色的，在夏、秋两季开放。

这里有好多牛筋草，咱们来玩斗草游戏吧！

好！爸爸说他小时候经常玩这个，他的秘诀已经传授给我了！我一定能赢你！

花草游乐园

二人各拿自己采集到的牛筋草，挽成花结相互套在一起，喊声“开始”，各人使劲，握住自己的草猛拉，以手中草头未拉断者为赢家。别小看了这种游戏，据宋代《中吴纪闻》记载，春秋时期的吴王夫差与美人西施就常玩这种游戏，以此取乐呢！

苍耳，最好不要惹它

别名：老鼠愁、苍子、胡苍子

佩佩日记

出去春游的时候，我们几位女同学在山里打闹的时候发生了一件可怕的事——身上不知什么时候粘了一些带刺的“小虫子”。一时间，我们都慌乱起来，不知道“小虫子”是怎么爬到身上的！一旁的男生们还使劲地吓唬我们！

我们正想办法赶走这些“小虫子”时，老师来了说，“这些不是虫子，而是一种植物的果实，叫‘苍耳子’”。他让我们互相把衣服上的苍耳子取下来，仔细观察：棕色小枣核似的果实上长了许多尖尖的小刺，就像一只只小刺猬，怪不得那么容易就钩在衣服上呢！了解了苍耳子之后，我们都松了一口气，这次春游真是好玩又刺激！

苍耳的果实虽然好玩，但是有毒。玩的时候要小心。

小小观察站

苍耳的种子为什么浑身都是刺？它为什么要粘在人身上去“旅行”？

花草充电站

苍耳果实上的刺不但可以保护自己不被小鸟或其他动物吃掉，而且还可以帮助传播种子。当小动物或人从它身边经过时，它就会把小刺粘到小动物的皮毛或人身上，小刺顶端的倒钩可以牢牢抓住，不易脱落，坐着免费的“巴士”走遍八方，当它从小动物的皮毛或人身上脱落时，苍耳的种子就找到了自己的新家。

苍耳用途广泛，苍耳皮可取纤维，植株可制农药，还可提取工业用脂肪油，苍耳也有药用价值，但它属于有毒植物，果实毒性最大。

花草游乐园

采集一些苍耳，把一件废旧的衣服挂起来，距离衣服2米左右，投掷苍耳子，比一比，看谁的苍耳子挂在衣服上的数量最多。当然，很多人在采集苍耳子的现场就会发生“战乱”哦！

金银花，为什么会有两种颜色

别名：金银藤、银藤、二色花藤

尚尚日记

爷爷在门前的藤架上移植了一棵金银花，开始它就像一根枯树枝，我还奇怪爷爷为什么要种这么丑的藤蔓。但两个月之后，它就开始焕发生机，而且枝条长得飞快，就像一条条绿色的小蛇正努力地往藤架上爬。

端午节的时候，它长出了又细又长的花苞，白绿相间。几场春雨过后，它那洁白的小花就开始绽放了，一簇簇的很可爱。每朵花由两片花瓣组成，一片大一片小，中间还有 6 根又细又长的花蕊，叶子特别茂盛。一阵风吹来，香气扑鼻。慢慢地，先开的花变成了金色，新开的花为银色，金色的花和银色的花开满枝头。怪不得人们叫它“双花”呢！

金银花并不是生来两色，在初生时都为白色，一两天后白色的花就会变成黄色，此时，又有新的白色花开放。

小小观察站

仔细观察金银花的颜色和形状，看它有什么特点?

奶奶，金银花真香啊！
它泡出的水也很香。

花草充电站

金银花的根系发达，是一种很好的水土保持植物，农谚讲“涝死庄稼旱死草，冻死石榴晒伤瓜，不会影响金银花”，足以说明它的生命力顽强。金银花是一种常用中药。我们也可以将它晒干后直接泡茶喝。

花草关键词

鸳鸯藤：金银花初开时是白色的，一两天后就变成黄色了。因为一蒂二花，两条花蕊探在外，成双成对，形影不离，就像鸳鸯对舞，又被人叫鸳鸯藤。

三叶草，
会在晚上睡眠的植物

别名：白车轴草、白三叶、荷兰翘摇

尚尚日记

据说只要谁能在一片三叶草中找到一棵四叶草，幸运就会降临到谁的身上。于是我和佩佩到森林公园玩时，争相找“幸运草”。那里一大片绿油油的三叶草长势正旺，每三片叶子很和谐地长在一簇，就像三个手拉手的好朋友，不少还开出了乳白色的花。可是，据说在十万株三叶草中，只有一株是四叶草，可见我们的寻找难度有多大了，找了半天还是一无所获。最后，我们精心挑选了几片漂亮的三叶草，决定回家后制成标本，摆出四叶草的形状，这样，我们俩就都有自己的“幸运草”啦。

三叶草会开花吗？当然！看，它的花朵是这样的！

小小观察站

三叶草就是酢浆草吗？

提示：不是。酢浆草是匍匐茎，一般是一朵朵黄色小花开放；三叶草是球根，叶柄可以长得很长，一般是一只花杆上开出好几朵花，呈伞状散开。

佩佩，你知道吗，如果能找到“四叶草”，许下的心愿就能实现哦！”

是吗，那我们一起去找吧！

花草充电站

三叶草的三片叶子在早上展开，晚上闭合，这种现象被称为植物的睡眠。叶和花在夜间闭合，可以减少植株热量的散失和水分的蒸发。三叶草茎叶细软，叶量丰富，粗蛋白含量高，粗纤维含量低，既可作为牛羊的饲草，又可喂给鱼类吃。

花草关键词

匍匐茎的茎长而平卧地面，茎节和分枝处生根。草莓、红薯等都是匍匐茎植物。

肾蕨（jué），不开花的“土壤清洁工”

别名：圆羊齿、篦（bì）子草、凤凰蛋

佩佩日记

不是只有花朵才是最美丽的，清新淡雅的蕨类植物也别有一番气质呢。在南方的山里就长着肾蕨，我以前没觉得它有多稀奇，后来在花卉市场中看见培育在精致瓷盆里的肾蕨，才感觉到它的清雅。

有一次，爷爷奶奶在花卉市场看到了肾蕨，说这种草乡下的山里到处都是，没想到还可以做商品买卖。后来他们就从老家的山上挖了一棵肾蕨送给我，爸爸还给它配了一只漂亮的花盆呢！奶奶说，“这是家乡的草，你看见这草，就像见到我们了。”我一定要好好地养护它，不辜负爷爷奶奶的一片心意！

我们吃的野菜——蕨菜原来长这样。我们食用的地方为它未展开的幼嫩叶芽以及上半段较嫩的茎秆。

小小观察站

肾蕨的小叶子是怎么排列的？是对生的还是互生的？

提示：叶子交互错落地生长在茎上就叫互生。叶子两两相对而生的就叫对生。

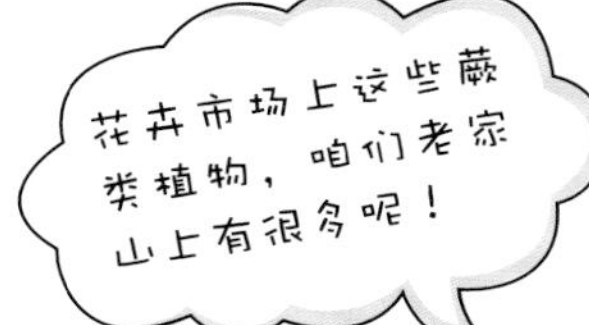

花卉市场上这些蕨类植物，咱们老家山上有很多呢！

是啊奶奶，不过它们种在漂亮的花盆里，和在野外的感觉完全不一样呢。

花草充电站

肾蕨为蕨类植物，系多年生草本。蕨类植物是植物中主要的一类，是高等植物中比较低级的一门，也是最原始的维管植物。蕨类植物是不开花的。肾蕨用于观赏，被广泛用于客厅、办公室的美化布置，尤其用作吊盆式栽培更是别有情趣。此外，肾蕨还可吸附砷、铅等重金属，被誉为“土壤清洁工”。

花草关键词

维管植物指具有维管组织的植物，在这些组织中液体可做快速流动，在体内运输水分和养分。

qǐng
苘麻，可以做麻料衣服吗

别名：青麻

尚尚日记

三四月间，当苘麻露出嫩嫩的小芽时，人们便采下嫩芽，凉拌着吃。等苘麻长大结籽了，人们便将它砍下来泡水剥皮，做成麻线。

我们也有自己的方式来利用苘麻。女生喜欢苘麻的花和叶，苘麻花开正值暑假。开在荒地的苘麻花，黄灿灿的。女生常常每个人头上插一朵苘麻花，美美地跑来跑去。等苘麻结果了，又成了男孩们的至爱。它的果实圆圆的像齿轮，我们称它为“极速炸弹”“神秘地雷”，我们将它们当武器投掷，竞相展示自己的身手。

小小观察站

摘下一个苘麻果实，掰开数一数，里面有多少个籽。

这个主意好！
尚尚，我们可以用它当印章玩！

花草充电站

苘麻茎的表皮是白色的，具有光泽，可以用来编织麻袋，搓绳索，编麻鞋。它的种子可以制成皂、油漆和工业用润滑油，种子可以作药用，称为“冬葵子”。

我们所穿的麻料衣服却不是苘麻做的，大都是棉麻或者亚麻做的，因为苘麻的质地坚韧而粗糙，穿起来不够舒适。

花草游乐园

将苘麻的果实摘下，在印泥上蘸蘸，然后在纸上印出一朵朵可爱的小花来吧，很好玩！

◀ 苘麻印章画。小朋友，赶快试试吧！

山丹，花开一片红艳艳

别名：山丹丹、山丹百合

尚尚日记

老师告诉我们，山丹花蒙古语叫萨日朗花。它们生长在远离人迹的山野，悄悄的生，悄悄的长，悄悄的开。它不为别人的欣赏而生长，只为自己的特色而存在。花开时，它的花茎昂扬，绿叶一律向上，蓓蕾像没有打开的绿伞，当蓓蕾由绿变红，绽放后，6个火红的花瓣向外卷，花蕊外凸，花朵似挂起的红灯笼，随风摇曳，清新鲜活，还散发出清香的气息。难怪草原上的人常把受人喜爱的姑娘比喻成美丽的山丹花。

这是百合。山丹、卷丹和百合有时统称为百合。百合花被反卷没那么厉害。

这是卷丹，跟山丹很相似。卷丹的花瓣上有紫黑色斑点。

小小观察站

山丹花的花瓣是什么样的？有几朵花瓣？叶片宽还是细？

花草充电站

山丹花是北方著名的野生花卉。花开时，漫山遍野的山丹花像火一样红。同时，它也是一种药材和有营养的蔬菜，还是优良的牧草，牛羊都喜欢吃它的根、茎和花。它的花在春末夏初开放，花下垂，花瓣向外反卷，色鲜红，通常无斑点，有时近基部有少数斑点，有光泽，具清香，非常美丽。

花草游乐园

制作山丹花花环。先将粗树藤弄成一个圆圈，再把采来的山丹花绕在圆圈上，一个美丽的山丹花花环就做成了。戴在头上，“臭美”一下吧！

点地梅，
小巧的伏地精灵

别名：喉咙草

佩佩日记

草原上的空气新鲜，在蓝天白云的映衬下像一个绿色的大花毛毯。美丽的点地梅就成片地匍匐在草地上，绿色扁片型的叶子贴地生长，开出的白色小花又多又密集，可爱而淡雅。它们虽然小，但其适应性却很强，不论是在高山草原，还是在河谷滩地，只要有一丁点贫瘠的土壤它就能生根发芽，而且它们在冰天雪地都能生存，其生命力真顽强啊！

点地梅的叶子能利用阳光合成糖类，从而使其在寒冷的冬季具有抗冻的作用。

小小观察站

点地梅的花心是什么颜色的，开花后期还是这种颜色吗？

提示：花心为淡淡的黄色，开花后期转为粉红色。

点地梅的花朵真小啊！
是啊，它是小巧的精灵，有梅花一样的神韵，装点着美丽的春天。

花草充电站

点地梅非常小，小到让人怜爱的程度。它的花茎抽出时的高度为8~15厘米，就是说如果去掉花茎，它的叶几乎就是平铺在地上的。点地梅虽然小，但是作用很大。它有一个名副其实的名字——喉咙草！因为它具有清热解毒、消肿止痛的功效，用它治疗急性扁桃体炎、咽喉炎、口腔炎等，十分见效。

野菊花，
可做菊花枕头

别名：野黄菊花、苦薏、山菊花

佩佩日记

每年秋天妈妈都要带我去采摘野菊花。野菊花跟我们平时看到的菊花差不多，只是缩小了很多倍。花朵中间有一个橙色的花盘，就像向日葵花朵中间结葵花籽的那部分一样，当然它的花盘很小。妈妈告诉我，采野菊花的时候，要尽量采将开未开的花蕾，它们的药用效果最好，而且泡茶也不容易散开。有时候我的眼睛发炎了，又红又痒，妈妈就用野菊花煮水让我洗眼睛，很快就能痊愈。野菊花就像一个好朋友、好邻居，时常向我们伸出援助之手呢。

尚尚，我们多采一些野菊花吧，让妈妈做一个大菊花枕头！
好嘞！

这是一朵旋覆花，它和野菊花有什么不一样呢？闻一闻就知道啦！

野菊花的花蕾。

小小观察站

野菊花的气味你喜欢吗？它长在什么地方？

花草充电站

野菊花的外形与菊花相似，它具有很强的生命力，在深秋开花，人们常借野菊来表现傲霜斗寒精神。它的气味芳香，但味道是苦的。野菊花药效在众菊花中是最为突出的，它不仅可以入中药，它的叶子和花瓣还可以食用，如煲汤、炒菜等；它还可以做茶叶，具有清热、静心、明目的作用；它的花瓣具有凝神静气之功，所以很多人把它做枕头里的填塞物。

花草游乐园

亲手制作菊花枕。把采来的野菊花晒干，和荞麦皮一起装入枕套，封好就可以了。野菊花晒干了会变得很少，所以采摘时多多益善哦！

积雪草，
可爱的小马蹄

别名：雷公根、马蹄草、崩大碗

尚尚日记

我和伙伴们经常到树林里采集标本。一天我找到了一种很有趣的小草，它们是贴着地生长的一种圆形小草，圆形上面还有一个明显的裂口，很像马蹄印。老师说，这种草叫积雪草，而它的别名叫马蹄草，因为它实在太像马蹄的形状了；它还有一个别名叫雷公根，因为它是在春雷之后长起来的，就好像是听到滚滚春雷后苏醒过来一样。

小小观察站

积雪草的形状像什么？

这是铜钱草，小朋友能看出它和积雪草最大的区别吗？

积雪草的形状真好玩，就像一个个小马蹄印！

是啊，大自然太奇妙了，总能给我们惊喜！

花草充电站

积雪草在 7 月前后开一种紫红色的无柄小花，但由于它的花很小，藏在叶腋处，所以不容易被发现。积雪草具有清热解毒、利水消肿、益脑提神等作用，还可以用在化妆品、护肤品领域，可使皮肤变得柔软和紧致。

花草关键词

叶腋是叶片与枝条之间所形成的夹角，就像人的腋窝。

马鞭草，“我可不是薰衣草哦！”

别名：紫顶龙芽草、野荆芥、龙芽草

尚尚日记

“快看，那里有好多薰衣草！”不知谁叫了一声，我放眼看去，公园一角连绵起伏的紫色花海顿时映入眼帘。当走进花海时，我却发现这些花并不是薰衣草，而是马鞭草。同是一片片紫色花海，马鞭草和薰衣草的区别很大，薰衣草是穗状花序，而马鞭草是伞形花序。不管怎样，它们都很好看！我和佩佩在花海中狂欢，爸爸妈妈为我们拍了好多漂亮的照片耶！

小小观察站

观察一下，马鞭草的花序是什么样的？和薰衣草有什么不同？

提示：薰衣草是穗状花序，而马鞭草是伞形花序，整个花序像一把小伞。

马鞭草的颜色真好看！
下次爸爸带你们去看成片的马鞭草，非常壮观！

花草充电站

马鞭草能提取香精或精油。在基督教中，马鞭草被视为神圣的花，经常被用来装饰在宗教仪式的祭坛上。马鞭草全草都能入药，有凉血、散瘀、通经、清热、解毒、止痒、驱虫等功效。

仔细瞧瞧，左图为薰衣草，穗状花序，右图为马鞭草，伞形花序。

清丽可人的水中花草

美丽清新的花草不仅在陆地上绽放，水中同样有它们的倩影。在碧水的映衬下，它们更为美丽，有的浮在水上，随波荡漾，充满诗情画意；有的驻扎在近水岸边，随风摇摆，彰显无限风姿。有了它们，我们的江河湖泊才有了生命的灵动感。

它们不单是一道靓丽的风景，同时还担负着净化水质、维持生态平衡的重任。

凤眼莲，为什么被称为“吸污之王”

别名：水葫芦、凤眼蓝、水葫芦苗

尚尚日记

凤眼莲有一个很有意思的名字——水葫芦，可能是因为它的叶片呈圆形或卵形，叶柄中部膨大如葫芦吧，而且它的叶子颜色翠绿，质地光滑，粉色花朵在水上显得分外清丽。它的花朵看起来像是很多花叠在一起，在其中的一个粉色花瓣上还有一个“凤眼”，很像孔雀尾巴上的图案，难怪人们叫它凤眼莲。它从不挑剔水质，越是在污浊的水中，它的长势越旺，而且繁殖得很快。有人说它破坏环境，我觉得，环境污染是我们人类造成的，关凤眼莲什么事呢？

风眼莲的根与叶之间有一个像葫芦状的大气泡，很有意思吧！

小小观察站

风眼莲的“凤眼”在什么部位？它的哪一部分像葫芦？

老师说越是污浊的水质，凤眼莲就生长得越好呢！
嗯，凤眼莲不仅样子好看，还能吸附多种有害物质。

花草充电站

风眼莲能净化空气。不少江河湖泊被严重污染，许多鱼虾和水生植物相继减少，风眼莲却如鱼得水，能快速地繁殖。但其繁殖过度有时也给人们带来麻烦，如它们常常堵塞河道，盖满一些湖泊，常被视为入侵物种。其实，风眼莲的根系发达、生长繁殖快、耐污能力强，吸污能力也非常强，人们要对其充分利用。

浮萍，散开后还会重聚吗

别名：青萍、田萍、浮萍草

佩佩日记

我喜欢静静地坐在池塘边上，看水中的浮萍，那些圆圆的、绿绿的小叶片手拉着手，连成一片，忽然一阵风来，吹散开了一些，然后慢慢地它们又重新聚在一处。有时候一只小青蛙从荷叶上“扑通”一声跳入水中，惊扰了浮萍的团聚，水面上就会出现一片片涟漪。

浮萍就是这样，从不害怕分离，但也从不放弃团聚，顺水而漂，依风而动。我喜欢浮萍的这个特点，也很喜欢浮萍给我们带来的别样景致。

浮萍漂满了整个湖面，小鸭子吃得欢。

小小观察站

小朋友想一想，浮萍为什么能在水面上漂浮呢？

提示：浮萍身上有很多细小纤毛，形成了一层空气带，从而隔绝了水的黏贴，再加上它本身很轻盈，所以就会浮上来。

妈妈，湖里那些圆圆的小浮萍，是紧连在一起的吗？

不，风一吹它们就散开了！

花草充电站

浮萍生于水田、池沼或其他静水水域，是良好的猪饲料、鸭饲料，也是草鱼的饵料。它们繁殖快，正如著名医学家李时珍所说：“一叶经宿即生数叶”。我们经常会看到湖泊的一些工作人员把浮萍打捞上来，为什么呢？因为浮萍覆盖整个或者部分区域水面时，会阻碍水体复氧及沉水植物接受光照，导致沉水植物死亡，而且它们会与水面的油污混在一起，影响水面的清洁。

花草关键词

沉水植物是指植物的全部都在水层下面生存的水生植物。这类植物的根不发达或是已经退化，植物体的各部分都能吸收水分和养料，特别发达的通气组织有利于在水中缺乏氧气的情况下进行气体交换。

王莲，能当小船用吗

别名：亚马逊王莲

尚尚日记

在植物园的水塘中我们看到了王莲。讲解员说，王莲最多能承载 35 千克的重量，我们中间任何一个小朋友都能安全地坐在上面。我当时暗暗地想，如果真能坐在王莲叶子上划来划去，该多有趣啊。讲解员说，王莲不仅有神奇的大叶片，还有美丽浓香的花朵，它的花很大，有很多花瓣，看起来像荷花，第一天开花时，它的花是白色，有白兰花的香气，第二天就逐渐闭合，傍晚再次开放，花瓣变为淡红色至深红色，第三天就闭合并沉入水中。我们去参观的时候，正有美丽的白色大花盛开，像是专门迎接我们呢。

荷花
睡莲
王莲的花朵

小小观察站

王莲的叶片能长多大？

提示：王莲具有世界上水生植物中最大的叶片，直径可达3米以上。

真不敢相信，王莲的叶片上能站人。
王莲的叶片巨大，大型的王莲能承载35千克的重量呢！你站上去完全没问题。

花草充电站

王莲叶面光滑，叶缘上卷，犹如一只只浮在水面上的翠绿色大玉盘。拥有巨型叶片的它们，浮于水面，十分壮观。它们以娇容多变的花色和浓厚的香味闻名于世。它的叶脉与一般植物的叶脉结构不同，成肋条状，似伞架，所以具有很大的浮力，最多可承受数十千克的重量而不下沉，因此，可以当小船使用，小朋友敢坐在上面试试吗？

花草关键词

叶脉是叶片上清晰可见的脉纹。植物的叶脉是叶片的输导组织与支持结构。它可以为叶片提供水分和养料，而且还有支撑叶片的作用，能使叶片伸展。

chāng pú
黄菖蒲，
水边的“金色蝴蝶”

别名：黄鸢(yuān)尾、水生鸢尾

佩佩日记

在水塘边经常能看到黄菖蒲的曼妙身影。它们并不是单独一株生长，而是相互亲密地依偎在一起，紧紧地连成一片。它们的叶子很茂密，颜色翠绿，又细又长，边缘光滑，直溜溜地向上挺立着，像一柄柄威武的宝剑。它们的花朵很大，非常明亮的黄色，柔软娇艳，椭圆形的花瓣略垂着，像是有点害羞，和叶子的刚毅形成鲜明的对比。

当水面刮起一阵清风时，黄菖蒲的叶丛就会随风整齐地摆动，很壮观，而柔软的黄花瓣却自在地飞舞，远看就像金色的蝴蝶。水上起风的时候，是黄菖蒲最好看的时候！

蓝紫色的鸢尾和黄菖蒲花型很相似，但它们的叶片有明显的区别，你发现了吗？

水边的黄菖蒲。叶子茂密，花色黄艳，花姿秀美。

小小观察站

黄菖蒲又叫水生鸢尾，它和陆地上的鸢尾有什么不同呢？

提示：陆地上的鸢尾花是蓝色或紫色的，又叫蓝蝴蝶或紫蝴蝶。

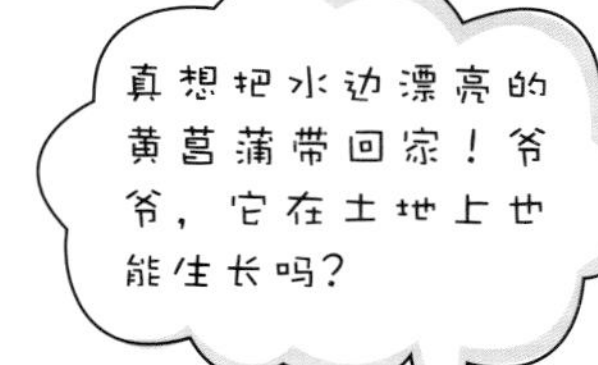

真想把水边漂亮的黄菖蒲带回家！爷爷，它在土地上也能生长吗？

黄菖蒲也叫水生鸢尾，它和陆地上的鸢尾是同一科属，咱们可以在盆里种鸢尾花！

花草充电站

黄菖蒲适应性很强，叶丛、花朵特别茂密，在全国各地的湖畔、池边，水塘边都能看到它们的身影，它们为我们带来了诗情画意的美景。冬天，黄菖蒲在水上的部分虽然已经枯死了，但它的地下根茎正在泥里睡大觉呢，就像动物冬眠那样。等到春暖花开，它的茎又重新钻出水面，开始生长了。

鸭舌草，池塘中的一抹青翠

别名：水锦葵、水玉簪(zān)、肥菜

佩佩日记

郊野公园的池塘里有时候能发现鸭舌草的踪迹。绿油油的椭圆的叶片中间，隐藏着不少蓝紫色的小花，虽然只有两片花瓣，但姿态颇为婀娜。奶奶说鸭舌草在乡下的水田里有很多，由于长势太旺影响庄稼的生长，人们就用除草剂来对付它们，现在水塘里已经不多见了。

但随着人们对生态环境的重视，一些以前被认为是有害的杂草，现在又被重新请回到了池塘里，既美化了环境，也改善了生态。

◀ 鸭舌草有点像鸭舌吗？

▲ 这是雨久花，被称为水中飞舞的蓝鸟，和鸭舌草是一类植物。

小小观察站

鸭舌草的花瓣是什么颜色的，花蕊是什么颜色的？它的花蕊有多长？

水面绿叶中那些小蓝色花朵真鲜艳！
那是鸭舌草，因为形状像鸭子的舌头而得了这个名字。

花草充电站

鸭舌草是稻田中的重要杂草，但也有一定的药用价值，有清热解毒的功效。它可以在水中缺氧的状态下萌发，长大后钻出水面，属于挺水性植物。

花草关键词

挺水性植物通常生长在水边或水位较浅的地方，和沉水性植物一样，它们的根也长在土里，但叶片或茎却挺出水面。

水烛，
可以当蚊香使用

别名：蒲草

尚尚日记

我们在水边玩耍时，发现有一种细长的叶子，一根根地向上耸立着，上面还顶着一截红色“香肠”，我拿回去问爷爷，爷爷告诉我圆柱形的“香肠”是它的红褐色花序。我用手摸了摸，每一根都很柔软，也很有韧性。

爷爷说这是水烛。它们的用处可大了。它的嫩茎可以吃，老茎可以当饲料，花粉可以药用，茎叶纤维还可以造纸和做人造棉呢。爷爷一边说，一边用手掰开一段花絮，露出了白色绒毛状像棉花似的东西，“看到了吗，这叫蒲绒，可以填充坐垫用”。原来水烛浑身都是宝。

水烛的花密集成棒状，成熟的果穗叫蒲棒，有绒毛。

小小观察站

水烛的叶子有什么特点？“红色的蜡烛”是它的花吗？

水烛真的很像一只只红色蜡烛。

我看，更像香肠呢！哈哈！

花草充电站

水烛是中国传统的水景花卉，常用于美化水面和湿地。它的叶片可作为编织材料，茎叶纤维可以造纸，还能编织蒲包、蒲席等，蒲绒可做填充物，它的花粉叫蒲黄，是一种止血的药材。水烛真的可以燃烧吗？真的可以点燃！以前，很多地方的民众都没有更好的驱蚊设备，他们就把水烛晒干点燃当蚊香使用。

鱼腥草，
充满鱼腥味的“消炎能手”

别名：折耳根、岑(cén)草、蕺(jí)菜

尚尚日记

人们常用“香飘万里”“沁人心脾”等来形容花草，其实在自然界里，并不是所有的植物都那么好闻，有许多植物的气味并不那么讨人喜欢。像鱼腥草，它的茎是红色的，很硬，有点像小竹节，碧绿的心形叶子，白色的小花。只要走近它们，立刻就会闻到一股鱼腥味。如果用手摸一下，一小时之内，腥味也难以消掉。这样一种植物，听奶奶说却是很好的药草，可以消炎镇痛，被称为天然抗生素。人们可利用鱼腥草制作出很多药剂，对了，妈妈说我小时候喝过鱼腥草合剂呢，很管用。

我们吃的鱼腥草是这样的。

鱼腥草的花也可以吃，全株可入药。

小小观察站

鱼腥草的气味是怎样的？它的茎有什么不同之处，像不像竹节？

奶奶，鱼腥草的腥味真重啊！刚碰了一下，满手的鱼腥味！
是啊，虽然它有腥味，但它可是消炎能手呢。

花草充电站

鱼腥草，因有鱼腥气味而得名。夏季在茎叶茂盛花穗多时，人们将它采割下来，除去杂质，晒干，当中药。它具有能清热解毒、消肿疗疮、利尿除湿等作用。虽然鱼腥草的好处多多，毒性也很低，但它含有一种物质——马兜铃内酰胺（xiān'àn），会对肾脏造成损伤并导致尿路疾病，所以不能长期食用。

xìng
莕菜，
漂浮水面的水荷叶

别名：驴蹄菜、水荷叶

佩佩日记

在荷塘里，常看到一种开黄色花朵的植物，以前我一直以为那也是一种小荷花，后来我才知道它叫莕菜。它的叶子和荷叶有些相似，都是圆形的浮在水面上，不过不像荷叶是锅底形状，而它是扁平的，有点像浮萍的叶子放大的样子。莕菜的花像一把倒着放的小伞，5个花瓣都骄傲地向上扬着，据说它的嫩叶可以吃，是一种很受欢迎的植物。

荇菜叶片小巧别致，有点像睡莲，鲜黄色的花朵挺出水面，很漂亮！

小小观察站

荇菜和荷花有什么区别？小朋友能区分这两种花吗？

爷爷，池塘里那黄色的荷花也很漂亮啊！
呵呵，不是黄色的荷花，那是荇菜。

花草充电站

荇菜耐寒又耐热，适应性很强，生于池塘或不甚流动的河流溪水中。它的叶片形状好像缩小的睡莲，小黄花非常艳丽。它既可作为水面绿化，又可以净化水质，还有一定的药用价值。

杓兰，仙女的拖鞋

shāo

别名：女神之花

尚尚日记

今天老师带我们认识了一种奇特的植物——杓兰。杓兰的叶子是长椭圆形的，花是粉红色的，最上面有 3 片花瓣，而下面则有一个由花瓣特化而成的囊状口袋。它的口袋很像一只精致的小拖鞋，真是奇特，据说这个“小拖鞋”是吸引昆虫来为它传粉的，我要是能有一双这么漂亮的“拖鞋”多好！

小朋友觉得杓兰的花朵像美丽的拖鞋吗？

小小观察站

杓兰的“小拖鞋”是用来做什么的？

杓兰的花真可爱，就像一只只小拖鞋。
它的花被植物学家称为“仙女的拖鞋”呢！

花草充电站

杓兰属植物是一种分布在温带高海拔地区的地生兰花，因为它的花朵形状很像拖鞋，又生长在终年云雾缭绕、遍地野花的高山之上，所以被植物学家称为“仙女的拖鞋”。在英国，杓兰因其稀世之美被称为“女神之花”。为什么杓兰会长有这样一种像拖鞋似的口袋呢？原来这些花瓣特化成的囊状口袋精心装扮成各种造型，是用来诱骗昆虫为其传粉的。

千屈菜，
水边的小仙女

别名：水枝柳、水柳、对叶莲

尚尚日记

每到夏天来临，荷塘边就开满了千屈菜的花朵，远远看上去，就像一个个紫色的精灵；近看时，它的花序由很多粉红色的小花组成，每朵小花都很精致。看着千屈菜随风飘舞的样子，真觉得像一群小孩在那里调皮地嬉闹。

千屈菜为穗状花序顶生，紫红色的小花多而密。

小小观察站

闻一闻千屈菜花朵有什么味道？

提示：微臭。

爸爸，千屈菜在北方旱地也能生长吗？

注意保持水分，生长季节多浇水，它就能在北方生存。

花草充电站

千屈菜生长在湖畔、溪沟边及沼泽、湿地中，它是多年生草本植物，常常掺杂在其他植物丛中，单株生长。因此，它的花语是“孤独”。其生命力很强，也比较耐寒，在我国南北各地均可露地越冬，而且姿态娟秀整齐，花色鲜丽醒目。千屈菜富含铁，具有清热凉血之功效，是夏天很好的野菜。

红蓼（liǎo），红色“狗尾巴花”

别名：狗尾巴花、荭（hóng）草、大毛蓼

尚尚日记

红蓼花淡红色的花朵一串串，配合着红墙碧瓦，给人一种既活泼又雅致的感觉。我第一次看到它是在一片芦苇地，旁边有一道河堤，河堤的坡下杂草丛生。本来在绿色的芦苇丛中很难看到一星半点其他颜色，但在杂草丛中却露出一种红花，让人十分惊喜。它的植株比较高，颜色鲜艳浓郁，在杂草中格外显眼，真可谓鹤立鸡群。

红蓼，总状花序顶生或腋生，总喜欢下垂着，花朵为淡红色或玫瑰红色。

小小观察站

红蓼和狗尾巴草有什么相同之处?

提示：它们的外观看起来都像小狗的尾巴。

爸爸，这种“狗尾巴花”为什么要叫红蓼呢?
在植物“蓼”家族中，很多叶子吃起来有一种火烧火燎的感觉，有点辣，有点涩，感觉到“燎”，所以就用同音字“蓼”来命名啦！

花草充电站

蓼花有如火一样的红色，所以古人把它叫作“红”，植物学家也把蓼花称为“红蓼”。其实蓼花还有个更古老的名字，听起来很有气魄，叫作“游龙”。《诗经·郑风》里有诗句说：“山有桥松，隰有游龙。”意思是说，山上生长着高大的松树，而潮湿的水边则生长着蓼花——因为蓼花的茎和整个红色的花序都比较纤细，就像龙体，而展开的枝杈和叶子，则像龙爪，加上蓼花常生在水边，和龙的习性比较类似，所以古人就用龙来为它命名了。

花草游乐园

红蓼可以方便地在室内水养。截取一段红蓼枝，插在花瓶里，加水，几天后它就能自行生根，在水中生长啦。放在窗台或电脑桌上，既能增加室内湿度，又增添了美观。试试吧！

本领独特的奇花异草

在人们的印象中，花花草草总是平淡而娴静的，似乎它们最大的特色就是美丽。其实，花草的本领可大了，小朋友知道花草中间也有“凶猛的”食肉植物吗？知道它们中间有欢快的舞蹈家吗？还有会爬墙的“蜘蛛侠”、能防盗的小卫士？所有这些奇花异草都会让你大开眼界！现在一一来认识它们吧！

爬山虎，本领高强的“蜘蛛侠”

别名：爬墙虎、地锦、飞天蜈蚣

尚尚日记

爬山虎有“蜘蛛侠”一样的本领，能稳稳地攀附在墙面上，很多建筑物的外墙上都能看到它。它有长长的藤，叶子有点像桃心型，绿色的叶片肥厚，边缘有锯齿，叶子的背面还有细小的绒毛。夏天时，它们就密密麻麻地爬满楼房的整个外墙，一片片叶子挤挨在一起，好不欢快！我的窗外就有爬山虎。每当学习累了，我就抬头仔细瞅瞅它们，那满墙的翠绿很快就能使我的疲劳烟消云散啦。

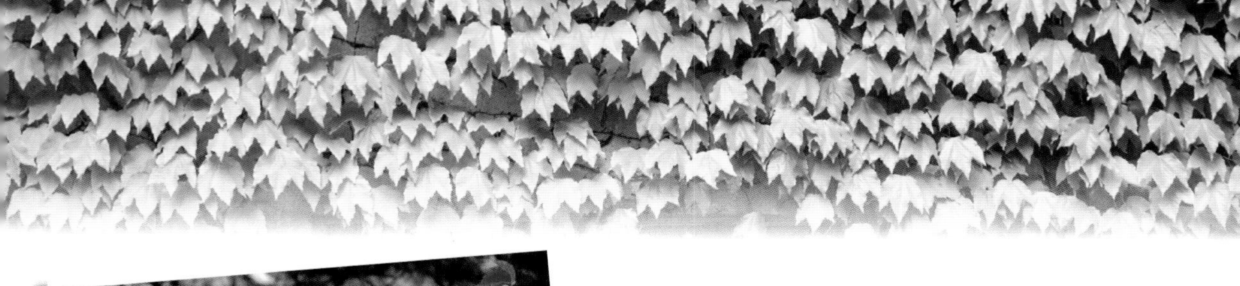

爬山虎的叶子为什么会变红？秋天，随着气温的降低，植物中的叶绿素含量逐渐减少，而花青素却迅猛增加。花青素具有遇酸变红，遇碱“面不改色”的特性。爬山虎叶子中的细胞液是酸性的，故而叶子会变红。

小小观察站

爬山虎爬在墙上，有哪些好处？

提示：爬山虎夏季枝叶茂密。它攀爬在房屋墙壁上时，既可美化环境，又能降温，调节湿度，减少噪音。

花草充电站

爬山虎为什么有吸附在墙上的本领？原来在爬山虎的茎节上生长着许多粉红色的短细丝，人们把这种细丝叫卷须，在每条卷须的分枝顶端，都长着几个能向外分泌黏性物质的吸盘。爬山虎就用这些吸盘紧紧黏附在墙壁或假山的石面上往上爬，刮大风也不能把它们吹跑。

花草游乐园

采集一段爬山虎的茎，仔细观察它的卷须和叶子，然后用手拉一拉它的卷须和茎，看看它能承受多大的拉力。

爬山虎常见，可是它的花朵小朋友很少见到吧！

香叶天竺葵，为什么能驱蚊

别名：驱蚊草

尚尚日记

可恶的蚊子把我咬得浑身是包。于是，妈妈就在我房间窗台上放了一盆不起眼的小植物，它就是传说中的驱蚊神草——香叶天竺葵。它的叶片是嫩绿色的，茎不太长，错落有致，每片叶子都有规律的裂片，也就是豁口，裂片边缘为不规则的齿裂或锯齿，这样有特点的叶子看起来特别而又精巧，有的还能开出紫色的小花呢。有了它，我就盼着能睡好觉了！

香叶天竺葵的花朵很漂亮吧！

小小观察站

闻一闻香叶天竺葵有味道吗？想一想它为什么能驱蚊？

香叶天竺葵真神奇，蚊子们都得远远地躲着它！

因为它能散发出一种叫“香茅醛”的气体，那可是蚊子的克星。

花草充电站

香叶天竺葵为什么能驱蚊？这是因为香叶天竺葵含有一种叫香茅醛(quán)的物质，利用它自身独有的释放系统，将香茅醛释放到空气中，达到驱蚊效果。香叶天竺葵既能安全驱蚊，又具观赏价值，在办公室和居室都很适用，但患有呼吸道疾病和体质敏感的人群要慎用。

猪笼草，
厉害的昆虫杀手

别名：水罐植物、猴水瓶

佩佩日记

猪笼草可是一种奇特的食虫植物，单从它的外形上看，就与众不同。它的叶子长长的，叶子下面有小绒毛，叶子的末端挂着一个个“小瓶子”，色彩鲜艳，像一个个精致的小酒壶，肚子圆鼓鼓的，居然还有一个小盖子呢。

如果把鼻子凑过去闻，就会闻到香甜的花蜜味道，这可是猪笼草诱捕昆虫的秘密工具！昆虫一闻到香味，就兴冲冲地飞过来，它们绝不会想到“小瓶子”光滑得就像滑梯一样，“哧溜”一下，它们就会滑进瓶子底部，被粘在酸性液体里面了。很快，猪笼草就分泌出消化液，一段时间后，那些可怜的昆虫就只剩下坚硬的外壳了。自从我养了猪笼草，家里的蚊子都少了呢！

猪笼草的圆筒形捕虫笼。

小小观察站

猪笼草的“小瓶子”是它的什么部位？

提示：猪笼草的“小瓶子”是它的叶子。猪笼草的叶构造复杂，分叶柄，叶身和卷须。卷须尾部扩大并反卷形成能捕食昆虫的瓶状。

花草充电站

猪笼草有一个独特的吸取营养的器官——捕虫笼，捕虫笼呈圆筒形，下半部稍膨大，笼口上有盖子，它因其形状像猪笼而得名。它是总状花序，开绿色或紫色小花，叶顶的瓶状体是捕食昆虫的工具。瓶状体的瓶盖能分泌香味，引诱昆虫。瓶口光滑，昆虫一旦滑落瓶内，即被瓶底分泌的液体淹死，并逐渐被消化吸收。

猪笼草看起来像一个“小瓶子”，真好玩！
它的“小瓶子”是用来诱捕昆虫的，很厉害哦！

花草关键词

总状花序是指自下而上依次着生许多有柄小花，每朵小花都与花轴有规律地相连，在整个花轴上可以看到不同发育程度的花朵，开花顺序由下而上，着生在花轴下面的花朵发育较早，而接近花轴顶部的花朵发育较迟。

花草游乐园

昆虫通常闻到香甜的味道就会采食，很多食虫植物都是利用这一点来诱捕昆虫。我们也可以模仿猪笼草，在一个小罐子里放一点点蜂蜜，把它放在窗台上，过几天，你就能看到“战利品”了。

荨（qián）麻，让人退避三舍的蜇人草

别名：蜇人草、咬人草、蝎子草

尚尚日记

同学们在采集标本的时候，小明突然发出“哎呦”一声。我们赶忙凑过去，看看发生了什么。他说刚刚突然感觉刺痛，不知被什么东西蜇了一下，他手臂上还有红色的小斑点。老师过来认真地看了一下说：“不要担心，应该是被荨麻蜇了，用肥皂水冲洗就能缓解。”帮小明处理完后，老师带我们看了荨麻的“真容”：它的茎从根部伸出，横向生长，茎上长有密密麻麻的刺毛，椭圆形的叶子，边缘有很大的牙状锯齿。老师说，荨麻也叫作防盗草，如果种植在院落的周围，可以给溜进来的小偷以教训，原来荨麻还有这样的用处啊。

被荨麻蛰了不要紧张，马上用肥皂水冲洗就可缓解。

小小观察站

荨麻为什么会“蜇人”？如何才能防止在野外被荨麻“蜇伤”？

哎呀，我被什么东西蜇了一下！

是荨麻，也叫蜇人草，这种草能防盗呢！

花草充电站

荨麻的茎叶上长有蜇毛，这些蜇毛有毒性，会引起过敏反应，谁要是碰上它，就会像蜂蜇般疼痛难忍，它的毒性会使接触后的皮肤立刻引起刺激性皮炎，产生瘙痒、红肿等症状。其实，荨麻的这种行为是一种自我防卫，好让食草动物望而却步。它特别适合“看家护院”，所以也叫“防盗草”。

荨麻除了用于防盗，也是重要的纤维植物，古代欧洲人很早就采用其纤维纺织衣物。还记得吗？安徒生童话《野天鹅》中，美丽公主艾丽莎就曾采荨麻为她变成天鹅的哥哥们编织衣物。

捕蝇草，凶猛的“小猎手”

别名：食虫草、捕虫草

佩佩日记

今天，老师给我们展示了一种特别的植物——捕蝇草。作为一种植物，捕蝇草的样子确实很特别。它的茎很短，在叶的顶端长有一个酷似“贝壳”的捕虫夹，它的叶能分泌蜜汁和消化液，一旦有昆虫被它吸引，落在它的叶片中间，两片叶子就会迅速闭合，昆虫就被困在里面慢慢被消化吸收了。捕蝇草的外型很酷，捕虫本领更是高明，怪不得受大家的宠爱呢！

一只可怜的苍蝇，被捕蝇草捕获了。

小小观察站

捕蝇草的“小夹子”是做什么用的？它是怎样捕捉昆虫的？

原来植物也很凶猛啊！

植物里面也有凶猛的肉食者呢，像捕蝇草，就是植物中的“猎手”。

花草充电站

捕蝇草的本领那么大，它有没有失误的时候呢？捕蝇草必竟不是动物，没有长眼睛，所以还是有判断失误的时候，有时会捕捉到一些和自己的叶片大小差不多的动物，比如说小型青蛙、长脚蜂等，这些动物消化起来比昆虫困难多了，往往还没来得及消化，猎物自己就腐败了。捕蝇草每个叶片可以捕捉 12~18 次，消化 3~4 次，超过这个次数之后，叶子就会失去捕虫能力，就只能为最后的光合作用作出贡献了，然后渐渐枯萎。

含羞草，为什么会“害羞”

别名：感应草、知羞草、呼喝草

尚尚日记

含羞草的叶片由几十片细小的叶片组成，像一个织布的梭子，中间有一根连接叶片的叶茎，把细小的叶片串起。它的每根枝条上都带有小刺。只要在叶片上轻轻一碰，它就沿着叶柄合拢，叶片变细，同时枝条也低低地垂下头，好像害羞似的。

可是有一次，我去拨弄它时，却发现它的叶子动的速度明显慢了许多。我不停地拨弄，到后来它居然纹丝不动了！难道它死了吗？可把我急坏了。爸爸帮我解开了这个谜，原来含羞草的叶柄下面有一个含有充足了水分的鼓囊叫叶枕，当用手触摸叶片时，叶枕中的水就会流到别处去，叶枕变瘪，叶子自然就垂了下来。连续去摸它，叶枕内的水分流光了，新的水分来不及补充时，就出现了叶片不动的状况。在这之后，我再也不轻易逗它玩了。

含羞草一碰就会“害羞”地把叶子缩起来。小朋友试试吧！

小小观察站

含羞草的叶子有什么特点？摸一摸，看它有什么反应？

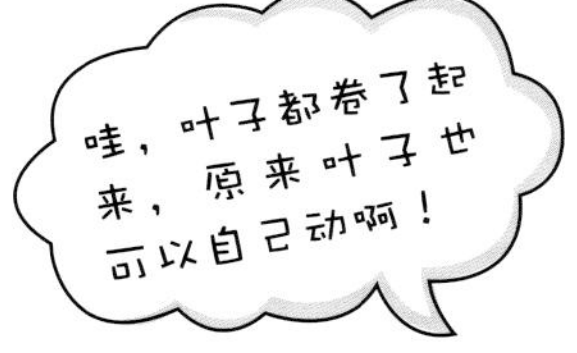

哇，叶子都卷了起来，原来叶子也可以自己动啊！

这是含羞草，你看它多像个含羞的小姑娘啊！

花草充电站

含羞草的“害羞”是一种生理现象，也是含羞草在系统发育过程中对外界环境长期适应的结果。含羞草原产于热带地区，那里多狂风暴雨，当暴风吹动小叶时，它就立即把叶片闭合起来，保护叶片免受暴风雨的摧残，因而就逐渐形成了这一生理现象。

花草关键词

叶枕：含羞草的叶柄下面有一个鼓囊囊的包叫叶枕，里面含有充足的细胞液，当用手触摸叶片时，叶枕中的细胞液马上就流到别处去了，叶枕就瘪了，于是叶子就垂了下来，它就表现为害羞的样子，但 1~2 分钟后细胞液又逐渐流回到叶枕中，于是叶片又恢复到原来的样子了。

碰碰香，
为什么一碰就香

别名：绒毛香茶菜

尚尚日记

在花店我看到了一株名叫碰碰香的植物，我觉得很奇怪，它为什么叫碰碰香呢？它会发出香味吗？卖花的阿姨似乎看穿了我的心思，只见她用手碰了碰花叶，然后把手伸向我，我果然闻到了一股香味。

阿姨又用手轻轻碰了碰花叶，香味更浓了。“哇，碰碰香这么友好啊，我也能跟它握手吗？”“没问题，你试试吧！”于是，我也用手摸了摸碰碰香圆圆的、肉肉的小叶子，然后闻闻手，一股薄荷夹杂着苹果的香味马上飘进我的鼻孔，直钻进我的心里。

碰碰香的全株都有细密的白色绒毛，因此，它也叫绒毛香茶菜。

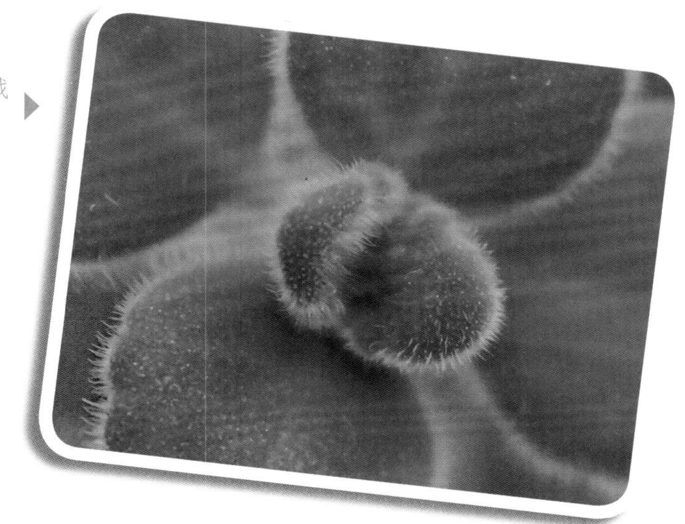

小小观察站

用手轻轻碰一下碰碰香，闻一闻手上有什么味道呢？

刚刚用手碰过这盆小植物，我的手好香啊！
那当然，要不它怎么叫碰碰香呢！它不但味道清香，还能驱蚊虫呢！

花草充电站

碰碰香发出香味的原因和含羞草“害羞”的原理相似，当它的叶片受到触碰的刺激时，细胞内的水分会发生作用，使叶枕的膨压发生变化。与含羞草不同，碰碰香的叶片在膨压作用下不会收缩，而是内部用于透气的气孔扩张，一种易于挥发的带有苹果香味的物质就会顺着气孔扩散到空气中了。其实，平时碰碰香也会发出微弱的香味，只是这种香味较淡不容易被人察觉，当它的叶片受到触碰时，这种香味就变浓了，所以人们才觉得它一碰就香。碰碰香的香味还可以驱赶蚊虫，花叶可以泡茶、泡酒。

石莲花，永不凋谢的花

别名：宝石花、风车草

佩佩日记

石莲花看起来就像一朵绿色的莲花，老师说其实我们看到的并不是花，而是它的叶片，可是它的叶片怎么组合得那么完美，像一朵美丽的大花呢？原来这叫作“叶片莲座状排列”，正因为像极了玉石雕刻的莲花，所以才叫石莲，而且它一年四季都是这么碧绿，有了它，再也不用担心在寒冷的冬天没有花看啦！

多肉植物的叶片就像一座座小水库，干旱时就派上大用场啦！

小小观察站

石莲花的“花朵”为什么是绿色的？它的“花瓣”为什么那么厚？

有没有什么花是永远不凋谢的呢？
石莲花呀！它因莲座状叶盘酷似一朵盛开的莲花而得名，被誉为“永不凋谢的花朵”。

花草充电站

石莲花这个名称是泛指莲花座造型的多肉植物。它们共同的特点是叶片肥厚多肉。多肉植物大部分生长在干旱地区，每年有很长的时间根部吸收不到水分，仅靠体内贮藏的水分维持生命。它们的叶子就像一座小水库，水分都贮藏在叶子里，以备干旱时用。

花草关键词

多肉植物是指植物营养器官的某一部分，如茎、叶或根（少数种类兼有两部分）具有发达的薄壁组织用以贮藏水分，在外形上显得肥厚多汁的一类植物。

美味健康的餐桌花草

吃多了精细粮食的我们，有机会何不尝尝清爽可口的野菜呢？它们能清除体内的多余垃圾，帮助补充维生素，而且大都有清热、去火、排毒的功效，天然的美食，健康的享用。

xiàn
马齿苋，深藏不露的小医生

别名：马苋、五行草、长命菜

尚尚日记

据说马齿苋因为叶片形状很像马的牙齿，所以才有了这个名字。它贴着地面生长，红棕色的圆柱形茎从根部向四周展开，每根茎上面都长着一片一片的绿色小叶子，椭圆形，有点厚，看不到叶脉。马齿苋是一种顽强的小草！奶奶说它还有个俗名叫“晒不死”，因为它含水分多，保水力强。从野地里拔几棵马齿苋，将它晾在地边，晒了几天太阳，它还是活的，如果再栽到土里去，它准能缓过气来，又欣欣向荣……原来真的晒不死！

马齿苋叶片扁平、肥厚、倒卵形，像马齿一样，可当野菜吃，吃起来有微微的酸味。

小小观察站

马齿苋的叶子有什么特点？
它的茎为什么要“趴”在地上？

奶奶，今晚又吃
凉拌马齿苋吗？

马齿苋的味道酸酸的，不仅吃起来爽口，而且它的保健价值也相当高呢！

花草充电站

马齿苋是一种绿色健康的药材。食用马齿苋，可以消炎去火，功效也很明显。夏天如果起痱子，可以采一些马齿苋，洗净煮水10分钟，把汤晾凉后往身上涂抹，连续3天，痱子就无影无踪啦！

马齿苋和大花马齿苋都是马齿苋科马齿苋属植物，大花马齿苋由于花型较大，更加美观，所以常常作为盆栽植物供人们观赏。

花草关键词

匍匐茎植物：马齿苋的生命力很强，因其拥有匍匐茎。长有匍匐茎的植物能够从土里吸收更多的营养，同时也能更好地保护自己，抵抗风吹，如果有人不小心踩到它，这种紧贴地面的茎也不会受伤。

灰灰菜，是灰头土脸的样子吗

别名：藜、野灰菜、灰藜头草

佩佩日记

灰灰菜到处可见，在农村田间常被当作杂草除掉。妈妈告诉我，灰灰是种野菜，可以吃。妈妈将灰灰菜用水焯过后，放了些香油、米醋、盐等调料，就成了香嫩爽口的凉拌菜。我尝了一口，发现灰灰菜其实很鲜嫩，一点儿也不难吃。尚尚很快就爱上了这道菜，嚷嚷着也要去挖野菜。奶奶在一旁提醒我们，她说灰灰菜分为两种，叶面和背面都是绿色的才能吃，而那些叶片背面呈紫色的不能吃。

小小观察站

小朋友仔细观察灰灰菜的样子，看看灰灰菜是灰色的吗？

提示：灰灰菜是绿色的，表面有一层类似李子外皮的白色粉，所以看起来呈灰绿色。

爷爷，灰灰菜真好吃，多少钱一斤呀？

你爱吃啊？这种野菜到处都能采到，不用买。

花草充电站

在田间、地边、路旁、房前屋后，都能看到灰灰菜的身影。它是一种知名的野菜，幼苗和嫩茎叶都可以食用，味道鲜美，口感柔嫩，而且营养丰富。不过，灰灰菜是喜光植物，一些过敏体质的人吃了灰灰菜后，如果接受较长时间的强烈阳光直射，就会引起日光性皮炎，皮肤出现发红、发痒甚至起水疱的症状，严重者还会引起急性血管性水肿或脏器损害。所以容易过敏的小朋友应该避免食用灰灰菜。

在野外如果被蚊虫叮咬了，揪一把灰灰菜，揉碎后涂在被咬处，还能止痒呢！

jì
荠菜，
三月三，荠菜煮鸡蛋

别名：白花菜、花荠菜

佩佩日记

荠菜从根处贴着地长出细长、边缘有锯齿的叶子。叶子向四面八方展开，中间却有一根直立的茎，上面长着很多心形的角果，顶端开放着细小的白花。

挖荠菜的时候，根本不需要用小铁锹，我喜欢用手一拔，连根拔出，不过有时候荠菜太嫩，土太硬，只有叶子被我捏在手上全碎了。妈妈递给我一把小刀，教我在荠菜的根部轻轻一划，捏住整棵茎一提，荠菜便完整地被挖了出来。妈妈说：“古人有一句话‘工欲善其事，必先利其器’，意思就是要想做好某件事，必须先把做事用的工具准备好。”确实如此啊，有了小刀这个助手，不一会儿我便采了一大筐荠菜。

荠菜既是一种美味野菜，又具有较高的医用价值。

你吃过荠菜煮的鸡蛋吗？

小小观察站

荠菜的角果是什么形状的？像什么呢？

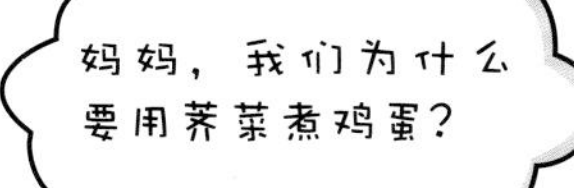

妈妈，我们为什么要用荠菜煮鸡蛋？

三月三，荠菜煮鸡蛋是风俗。荠菜煮鸡蛋可以祛风湿、清火，而且还可预防感冒。

花草充电站

荠菜的英语名称是“牧人的钱包”，这是形容它的角果形状像牧人的钱包。荠菜是一种很受欢迎的野菜，它的营养价值很高，食用方法多种多样。荠菜最常见的吃法就是做成馅料，用来包包子和饺子，荠菜馅清爽不腻，营养丰富，备受欢迎。荠菜还有很高的药用价值，具有和脾、利水、止血、明目的功效。

紫苏，叶子为什么是紫色的

别名：荏(rěn)子、赤苏、红苏

尚尚日记

家里养了一只黄雀儿，天气好的时候我就把鸟笼挂在院子里。有一天我发现常挂鸟笼的地面钻出两棵草，而且越长越高，叶子是桃心形的，有的叶子还带些紫色，上面有些褶皱，摸上去也很不光滑。

开始我和佩佩都不知道这是什么植物，直到有一天它结出了“果”——苏子，我们才恍然大悟，原来这是鸟儿平时吃苏子的时候掉落在地下长出来的。后来我们知道了这种植物叫紫苏，而苏子当然就是它的种子了。我们把鸟儿自己无意中“种”下而结出的苏子喂给它吃，然后笑着说：“黄雀儿，你也能‘自力更生’了！”

紫苏的叶片都是紫色的吗？其实紫苏叶片的颜色是会变化的。

小小观察站

紫苏的叶子正反两面有什么不一样？它的叶子会变色吗？它的种子有什么作用？

爸爸，这就是妈妈炖鱼时放的调味料紫苏吗？

对呀！紫苏除了能做调料让食物鲜美外，它还有很好的药用价值！

花草充电站

紫苏叶也叫苏叶，有解表散寒、行气和胃的功效。紫苏的种子还能榨油呢！我们看到的紫苏叶子是紫红色的，但为什么有时它那红色的叶子还能变成绿色呢？原来它的叶子发红是因为叶子里除了叶绿素外还含有红色的花青素。花青素溶于细胞液中，叶子就发红了；当花青素分解，叶子就变成绿色了。紫苏叶子的颜色变化还受到光和温度的影响。

柠檬草，香茶一杯迎客到

别名：柠檬香茅

佩佩日记

表姐在院子里种了一些柠檬草。它们簇拥而生，很不起眼，细长的叶子弯弯地垂着，看不到它的茎，叶子似乎是直接从地上伸长出来的。要不是刻意走近它去闻它的香味，还以为是一堆无味的野草呢！

表姐一边用晒干的柠檬草叶片泡茶，一边说柠檬草气味芬芳，而且有杀菌抗病毒的作用。我想赶紧尝一口，当鼻子刚凑近水杯时，一股清香的味道就扑鼻而来，喝到嘴里，满口留香。

我好像闻到一股柠檬香味。
是柠檬草的味道，这种草可以泡茶、做料理，还可以提取精油呢。

柠檬草在世界各地广泛当茶饮用，有助消化。

柠檬草根茎。

小小观察站

柠檬草有什么味道？和柠檬的味道一样吗？

花草充电站

柠檬草属于一种芳香植物，有一股柠檬般清凉淡爽的香味，而且有杀菌抗病毒的作用。在泰国菜中常用到这种植物。饮用柠檬草茶，可以预防疾病，增强免疫力，达到有病治病，无病强身的效果。柠檬草还可提炼柠檬草油、皂用香精。

花草关键词

芳香植物是具有香气和可供提取芳香油的栽培植物及野生植物的总称，兼有药用植物和香料植物的共有属性。从芳香植物中提取的精油被广泛用于医药、食品加工、化妆品等各个行业中。

艾(ài)草，端午节为什么要插至屋前

别名：冰台、遏(è)草、香艾

佩佩日记

清明节快到了，我跟着奶奶一起去采摘艾叶。远远望去，田野上一片碧绿，什么是蔬菜，什么是野草，什么是艾草根本就分不清。奶奶见我一副不知所措的样子，就教我怎样辨别艾叶，她说：“艾草有特别的香味，它的叶面两边颜色明显不同。”功夫不负有心人，按奶奶说的，我果然找到了很多。奶奶边采艾叶边对我说：“这可是个好东西，它能做出美食，还能治病呢！”

不大一会儿，我们摘了很多艾叶。奶奶将它们洗干净，煮熟，混合在糯米粉中，揉成绿色的米粉团，然后楸出剂子，包上芝麻白糖，艾饺就做好了。蒸熟后，我吃着自己包的艾饺，感受它的香、甜、糯，心里有一种说不出的喜悦！

清明时节，江南很多地区都要吃艾饺。

小小观察站

新鲜的艾叶有什么气味？端午节为什么人们要把艾草插在屋前呢？

艾叶两面颜色明显不同。

妈妈，你采那么多艾叶做什么啊？
快到清明节了，我要给你们包好吃的艾饺呀！

花草充电站

民谚说“清明插柳，端午插艾”。艾草具有一种特殊的香味，这种香味具有驱蚊虫的功效，每到端午节，人们总是将艾草置于家中，一来用于避邪，二来用于赶走蚊虫。艾草也是一种很好的食物，可作“艾叶茶”“艾叶汤”“艾叶粥”等，能增强人体对疾病的抵抗能力。

车前草，能治病的“观世音草”

别名：车轮菜、猪肚菜、灰盆草

尚尚日记

我在奶奶的菜地里发现了一种没见过的野草，它的叶子很宽，像一把把小扇子，中间还抽出一根又直又长的穗状花序。“拔掉它！”我一边想着，一边抓住草叶子想要把它拔掉。这草长得可真结实啊，我费力地拽住它往后拉，“唉哟！”叶子断了，摔了我一个结实的屁股墩儿。

正在一旁施肥的奶奶笑出了声：“我的大孙子哎，怎么自个儿摔跤啦？”我气急败坏地指着那棵草向奶奶告状。奶奶低头一看，笑着对我说：“这是车前草，这种野菜可以吃呢！你要这么弄，才能把它拔起来。”学着奶奶的样子，我也很轻松地拔起了车前草。

近距离观察一下车前草的种子吧！

小小观察站

仔细观察车前草的叶子形状像什么？

提示：像车轱辘。

爸爸，这些像小麦穗一样的是什么草？

这是车前草，是种野菜，还可以入药呢！

花草充电站

车前草是一种常见的野菜，有清热利尿、凉血、解毒等功效，而且口感细嫩，没有异味。也许是因为它的药用价值，有人称之为“观世音草”。

花草故事

车前草的名字来源于一个有趣的故事。

以前有一个将军带兵打仗，长时间的跋涉之后，战马都疲劳地耷拉着脑袋，他们只好把马拴在马车前面，停下来休息。第二天早上，其他的战马看上去还是很疲惫，可有一匹马却特别精神，将军和士兵们发现在那匹马的周围长着许多像扇叶一样的草，这些草都被马吃光了。于是，他们就试着给其他的马也吃这种草。果然，没过多久其他的马也恢复了精神，队伍终于又可以前进了。因为这种草是在马车前面发现的，将军就给它起名叫车前草。后来人们又发现了车前草的很多其他用途，例如，它的黑色种子是一味中药。

刺儿菜，真的是“止血能手”吗

别名：小蓟(jì)、青青草、刺狗牙

佩佩日记

我在一片矮矮的杂草丛中，发现了几株刺儿菜。它们的茎又长又直，大约有 30 厘米高，茎的下半部分长着细长的叶子，叶缘有细密的针刺，上半部分的叶子很少，顶着一个紫色的小球，远看时还以为那是个紫色的小果子，走近了才发现原来是它的花朵，它的花瓣和其他的花不太一样，不是一片一片的，而是针形的柔软的小绒毛。

据说这种植物有一种特殊的本领，就是能止血。奶奶说，如果小孩子在外面玩耍时不小心磕破了皮，只要揉一团刺儿菜，挤出汁液敷在伤处就能止血。原来刺儿菜还是急救小专家啊！

小小观察站

刺儿菜有刺吗？它的刺长在什么地方？ 为什么要在伤口上涂刺儿菜的汁？

哎呀，我的腿磕破了，正在流血，怎么办？
没关系，这里正好有止血良药——刺儿菜，挤出汁来涂在伤口上，一会儿就好了！

花草充电站

刺儿菜适应性很强，在任何气候条件下均能生长，是常见的杂草，它也是秋季蜜源植物。刺儿菜的花或根茎及全草均为药材。它的嫩苗又是野菜，炒食、做汤均可。刺儿菜为什么能够止血呢？原来刺儿菜里含有大量胶质，能生成血小板，而血小板的作用就是止血，因此，刺儿菜能有效止血。除了止血，它还有抗菌的作用。

刺儿菜的花是这样开放的

jié gěng
桔梗，有趣的“中国气球花”

别名：包袱（fú）花、铃铛花、僧帽花

佩佩日记

到乡下郊游时，我看到了一片比薰衣草花田更梦幻百倍的桔梗田，整片田野中除了极少数天青色和纯白色的桔梗花以外，绝大多数桔梗花是蓝中见紫，紫中见蓝的色彩，像极了无数蓝色的小星星，缀满了整面山坡。远远望去，贫瘠的山地上像是起了一层薄薄的蓝雾。

我蹲下去看那些未开的桔梗花花蕾，它们的样子都长得很萌，特别像五星形的微型气球或是迷你小铃铛。而那些盛开的桔梗花，在阳光的照耀下大方地展露出了深紫色的美丽花蕊。

听奶奶说，桔梗的根茎最有用，模样就像细长的铁棍山药，是一味医治咽喉肿痛的良药呢！

桔梗花蕾膨大时像一个气球吗？“中国气球花”就是它啦！

小小观察站

桔梗花未开放的时候长得像什么？它开放后跟哪些花的形状类似？

对呀，所以它也叫“中国气球花”！很形象吧！

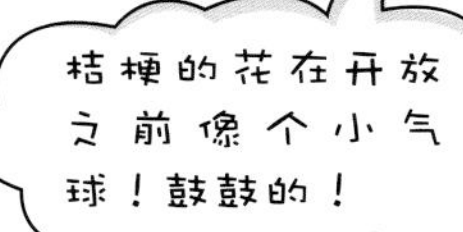

桔梗的花在开放之前像个小气球！鼓鼓的！

花草充电站

桔梗花株型低矮，秀丽苍翠，花期较长，花朵较大，花多数为蓝紫色，色彩艳丽，花形别致，花蕾膨大时轻盈如铃，如一个膨大的气球，有“中国气球花”之称。它的根可以入药，有止咳祛痰、宣肺、排脓等作用，是中医常用药。桔梗嫩叶可以腌制成咸菜，在中国东北地区称为“狗宝”咸菜。此外，桔梗可酿酒、制粉做糕点，种子可榨油食用。

花草故事

有一首著名的朝鲜民歌《桔梗谣》，也叫《道拉基》，“道拉基”就是桔梗花的意思。传说道拉基是一位姑娘的名字，当地主抢她抵债时，她的恋人愤怒地砍死了地主，结果被关入监牢。姑娘悲痛而死，临终前要求葬在青年砍柴必经的山路上。第二年春天，她的坟上便开出了紫色的小花，人们叫它“道拉基”花，并编成歌曲传唱，赞美少女纯真的爱情。

据说，每年春天，朝鲜妇女结伴上山挖桔梗时，都会哼唱这首民谣。在旧社会按习俗妇女不能随意出门，因此，在外采集桔梗时唱这首歌也表达了一种愉快的心情。

薄荷，为什么给人清凉的感觉

别名：野薄荷、夜息香

佩佩日记

爷爷在屋后院子里的小水塘边上种了几棵薄荷草。这个薄荷，难道和我们吃的薄荷糖有什么关系吗？爷爷说，薄荷糖里面就有薄荷草的成分。摘一些薄荷草，加上白砂糖和水熬煮成黏稠状，冷却后分割成条，就是美味的薄荷糖啦！我有点儿不相信，摘了一片叶子闻了闻，真是那种清凉的感觉。

爷爷说，薄荷草的用处可大啦！要是患上了感冒，流鼻涕，只要摘下几片绿色的叶子，揉一揉塞进鼻子里，感冒症状就会缓解好多。爷爷顺手摘了几片薄荷叶，他要拿回家冲薄荷茶喝，说有清凉解渴的作用。虽然薄荷长得不起眼，但有这么大的功效，我真是太喜欢它了！

薄荷的花淡红、青紫或白色，极小，腋生。

小小观察站

小朋友喜欢吃薄荷糖吗？闻闻薄荷的叶子，有什么味道？

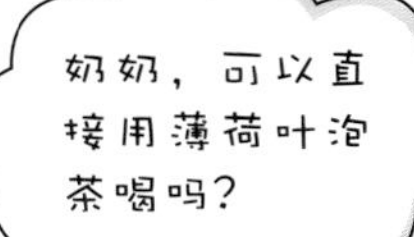

奶奶，可以直接用薄荷叶泡茶喝吗？

当然可以，薄荷茶不仅冰凉清爽，还清心明目呢！

花草充电站

在薄荷的茎秆和叶子里含有一种叫薄荷油的物质。它的主要成分是薄荷脑，这是一种芳香清凉剂。夏天，薄荷可以消暑。薄荷还是医药、食品、化妆品工业的原料，清凉油、止咳药水、润喉片里面都含有薄荷成分。如果被虫咬了或被碰伤了，擦点薄荷清凉油就能减轻痛痒。

tóng hāo
野茼蒿，为什么叫革命菜

别名：野塘蒿、野地黄菊、革命菜

尚尚日记

在郊区玩了一上午，中午我们期待的农家饭就要开饭了。主人端了一盘绿色凉拌菜说："这是我们这里的特色菜，老醋拌野茼蒿。"平时我不喜欢吃茼蒿，更别说是野生的，能好吃吗？看着主人那么热情，又说是他们的特色菜，我决定尝一尝，嗯，味道还不错！清香嫩滑，配上老醋，真是一绝！主人还特地告诉我们说："这道菜在战争年代，革命前辈们用它来充饥，所以也被叫作'革命菜'。现在我们日子好过了，可不要忘了革命先烈们呀！"

◀野茼蒿的种子有冠毛，可随风飘散。

小小观察站

野茼蒿的绒毛有什么用呢？还有什么植物跟它一样种子上带绒毛呢？

提示：传播种子。

爷爷，野茼蒿为什么又叫革命菜？

以前革命前辈们在征战途中缺少粮食的时候，常把野茼蒿当菜吃，所以就有了这个名字。

花草充电站

野茼蒿适应力强，繁殖快，除了湿冷阴暗的地方以外，只要有新的空地，如荒地、火烧地或干燥的河床，它总是第一个到达，很快就能把地面布置成一片翠绿。它的花朵绒毛可是传播种子的功臣，风一吹，种子随绒毛飘荡，像天女散花一样，只要有空地，它就生长，无孔不入，所以它又叫“满天飞”。它的嫩茎叶中含有蛋白质、脂肪、纤维、钙、磷以及多种维生素，同时它也是一种中药材，有健脾消肿、清热解毒、行气、利尿等功效。

大自然
启蒙教育书系

我们要解放小孩子的空间，让他们去接触大自然中的花草、树木、青山、绿水、日月、星辰以及大社会中之士，农、工、商，三教九流，自由的对宇宙发问，与万物为友，并且向中外古今三百六十行学习。

——陶行知